꽃 따라 벗 따라 들꽃
산책

참고문헌

구자옥. 2008. 한국의 수생식물과 생활주변식물도감. 자원식물보호연구회
김태욱. 1995. 한국의 수목. 교학사
김태정. 1994. 한국의 야생화. 현암사
남효창. 2008. 나무와 숲. 계명사
박수현. 2009. 한국의 귀화식물. 일조각
이남숙. 2011. 한국의 난과 식물도감. 이화여자대학교출판부
이상욱. 2010. 가을·봄·여름없이. 신구문화사
이영노. 1997. 한국식물도감. 교학사
이유미. 1995. 우리가 정말 알아야 할 우리나무 백가지. 현암사
이익섭. 2010. 꽃길따라 거니는 우리말 산책. 신구문화사
현진오, 문순화. 2003. 봄·여름·가을에 피는 우리 꽃.
현진오. 2005. 사계절 꽃산행. 궁리

생물학연구정보센터(BRIC) http://bric.postech.ac.kr
식물분류학회지 www.pltaxa.or.kr
야생화 동호회 인디카 www.indica.or.kr
월간 자연과 생태 www.econature.co.kr

꽃 따라 벗 따라
들꽃 산책
―――

펴낸날 | 2013년 5월 1일 초판 1쇄
　　　　　 2014년 9월 22일 초판 2쇄
글·사진 | 김태원
―――
펴 낸 이 | 조영권
만 든 이 | 김원국, 정병길, 노인향
꾸 민 이 | 강대현
―――
펴 낸 곳 | 자연과생태
주소 _ 서울 마포구 신수로 25-32, 101(구수동)
전화 _ 02)701-7345-6　팩스 _ 02)701-7347
홈페이지 _ www.econature.co.kr
등록 _ 제2007-000217호

ISBN: 978-89-97429-18-9　03480
―――

꽃 따라 벗 따라

들꽃
산책

글 · 사진 김태원

자연과생태

꽃이 아름답다 한들
사람에 비할까요.

꽃 공부를 시작하기 전 산에 다닐 때는 오로지 정상만을 향해 올랐습니다. 숲속에 얼마나 아름다운 생명체들이 살고 있는지 돌아볼 생각조차 못했습니다. 꽃에 관심 갖기 시작한 뒤부터는 자꾸 이곳저곳 기웃거리는 습관이 생겼습니다. 가끔은 곡예 하듯 나무를 타고 다니는 청설모가 신기해 한참동안 바라보기도 했고, 산새들이 지저귀는 노랫소리에 귀를 기울이기도 했습니다.

그래도 가장 눈길을 끈 것은 야생화였습니다. 처음 야생화 탐사를 시작했을 때는 모르는 꽃이 대부분이었기 때문에 매일매일 새롭고 신비롭기만 했습니다. 만난 꽃들을 사진 찍어 오고, 도감을 뒤적거리다가 이름을 알게 되었을 때는 정말이지 기쁨을 감출 수 없었습니다.

"이 식물은 잎이 우산처럼 생겼네, 그래서 우산나물이라고 하는구나."

"이 식물은 땅에서 올라올 때의 잎 모습이 흡사 노루의 귀처럼 생겼네, 그래서 노루귀라고 하는구나."

"이 놈은 꽃대에 털이 보송보송하고 참으로 예쁜 꽃을 피우는구나."

한번 보면 혼이 다 빼앗길 정도로 예쁜 꽃들을 주변 것부터 하나씩 알아가며 한 해 두 해 지내다 보니 어느덧 10년이란 세월이 지났습니다.

금방 피어난 꽃을 보면 참으로 신비롭습니다. 꽃은 식물의 생식기관에 해당되며, 생식기관의 최종 목표는 수정과 결실입니다. 고착생활을 하는 식물체가 번식하려면 주변의 도움을 받아야 합니다. 이때 바람이나 물 등의 도움을 받는 식물이라면 꽃을 아름답게 피울 이유가 없겠지만, 곤충의 도움을 받아야 한다면 호감을 끌 수 있도록 치장하거나 달콤한 꿀을 만들어 곤충들을 불러야 합니다. 그러니 꽃을 피우는 시기에 가장 진하고 아름다운 향기를 뿜어냅니다.

사람의 일생에서 가장 아름다운 시기는 언제일까요? 개인에 따라 다르겠지만 청소년기 이후부터 결혼 적령기까지가 아닐까요? 청소년기가 가정과 학교에서 여러 사람과 부대끼면서 자신을 표현하고 의사소통을 하는 과정에서 다양한 갈등 관계가 형성되며, 또 그것을 해결해 나가는 과정을 통해 내적으로 성숙해 가는 시기라면, 그 이후는 어느 정도 주관과 가치관이 형성되어 자신이 추구하는 방향이 구체적으로 도출되는 시기인 듯합니다. 즉 식물의 일생에서 보면 꽃의 시기에 해당합니다.

완전히 핀 꽃도 아름답지만 꽃봉오리도 참으로 아름답습니다. 청소년기를 이 꽃봉오리에 비교할 수 있습니다. 이 꽃봉오리들이 아름다운 꽃으로 피어날 수 있도록 돕는 것이 어른들이 해야 할 일이라 생각합니다. 꽃이 아무리 아름답다 한들 사람에 비할까요? 예쁜 꽃봉오리들이 활짝 필 수 있도록 어른들이 늘 관심 갖고 돌봐 주면 좋겠습니다.

지금까지 야생화 탐사에 도움 주신 분들이 참으로 많습니다. 제가 근무하는 세명고 박경도 교장 선생님과 오탈자를 검토해 주신 국어과 공희찬, 최윤자 선생님을 비롯한 여러 선생님들께서 늘 격려해 주셨습니다. 대아그룹 황인찬 회장님께서는 2008년도 울릉도 야생화 탐사 때 많은 도움을 주셨습니다. 이화여대 생명과학과 이남숙 교수님은 식물 동정 방향에 많은 도움을 주셨고 추천사를 기꺼이 써 주셨습니다. 지면을 빌어 감사의 마음을 전합니다.

제가 야생화 탐사의 길로 들어올 수 있었던 것도 온라인 동호회 인디카(www.indica.or.kr)가 있었기 때문에 가능했습니다. 10년이면 강산도 변한다고 했는데 인디카 생활이 10년이 지났습니다. 인디칸들이 있었기에 전국으로 돌아다니면서 다양한 꽃들을 볼 수 있었습니다. 강원, 호남, 경기, 제주도 등지로 탐사 갈 때 항상 현지 인디칸들의 도움을 분에 넘치게 많이 받았고, 특히 영남 인티칸들과는 생사고락을 함께 했습니다. 지난 시간들이 주마등처럼 뇌리를 스칩니다. 글 속에 여러분들이 거명된 경우도 있습니다. 넓은 마음으로 혜량해 주시길 바랍니다.

이 책에 등장하는 식물은 300종이 넘으며 100편의 글에 담겨 있습니다. 이 글들은 생물학연구정보센터(bric)에 '푸른 마음의 들꽃 이야기'라는 이름으로 연재한 내용을 다듬고 보완한 것입니다. 좋은 기회를 주셨던 생물학연구정보센터의 전 직원, 특히 이강수 팀장님과 이미영 씨에게 감사합니다.

이 길에 힘이 되어 준 숲해설가 동기들도 있습니다. 소재를 제공해 준 동기들에게 감사하며, 이 책이 숲 해설 활동에 작으나마 안내서 역할을 할 수 있다면 더 없는 영광이겠습니다. 언제나 나의 이 길을 격려해 준 친구, 친지들과 탐사 길에 힘이 되어준 사랑하는 가족 송원, 송희, 그리고 장희숙에게도 감사한 마음 전합니다.

2013년 4월

세명 동산에서 **김태원**

자연을 즐기고
야생화의 진정한 멋을 알게 하는
길잡이가 되길

　20년 전 즈음부터 생활이 나아져서인지 아니면 다른 어떤 동기가 있었는지 모르겠지만 많은 사람들이 유행처럼 자연을 즐기기 시작했다. 특히 디지털카메라의 등장과 함께 사람들의 관심을 끌게 된 것이 야생화인 듯하다. 이러한 현상에 부응해 야생화에 관련된 책들이 많이 발행되었다. 전문 학자부터 사진작가, 학교 선생님, 단체 등 저자도 다양하고 출판사들 또한 서로 앞 다투며 제목과 내용이 엇비슷한 책들을 쏟아냈다.

　이런 과정에서 익숙하게 등장하는 말들은 식물 사진, 쉽게 찾기, 알아야할 꽃, 들꽃, 꽃 이야기 등이다. 이것은 그동안 사람들이 주위에 흔한 꽃에 무관심하다가 갑자기 꽃 이름과 그런 이름이 붙은 연유를 궁금해 하며, 아울러 식물의 특징을 알고 싶어 해서인 것 같다. 그래서 지금은 식물동호회에서 활동해오거나 식물에 관심 가져온 웬만한 사람들이 전문가를 능가할 정도로 많은 식물의 이름과 특징을 꿰고 있다. 특히 전문가 이상으로 예리한 관찰력을 가졌을 뿐 아니라 식물 찾아 삼만 리를 마다치 않고 국내외를 종횡무진할 정도로 열의가 대단한 이들을 보면 부럽기조차 하다.

이 책을 지은 김태원 선생도 그 중 한 분이라고 생각한다. 그동안 고등학교 생물교사로 재직하면서 관찰력과 기초지식은 물론 지대한 관심과 열의를 갖고 야생화를 탐구해 온 분이다. 식물을 사랑하는 교사답게 국가지정 생물학연구정보센터(bric)의 생물종 에세이 코너에서 좋은 사진과 쉬운 설명으로 '푸른 마음의 들꽃 이야기'를 100회에 걸쳐 연재하며, 식물 정보에 대한 사람들의 갈증을 해결해 주기도 했다. 이제 그 과정이 책으로 결실을 맺어 많은 사람들이 곁에 두고 보며 식물을 쉽게 이해할 수 있을 테니 기쁘고 고마운 일이라고 여긴다. 이는 많은 사람들에게 지식을 나누는 교육인 동시에 봉사이기도 하다.

책의 내용을 살펴보니 산행하면서 촬영한 사진과 저자의 경험을 이야기 형식으로 엮었고, 식물을 대략 속(genus) 단위로 묶어 특징이 유사한 종들을 잘 구분할 수 있도록 중요한 차이점을 정리해 설명했다.

곧 봄이 오고 산야에 꽃들이 피게 되면 많은 사람들이 이 책에 소개된 식물을 알아보고 그 식물과 대화하는 모습을 상상해 본다. 아는 만큼 사랑하고 아는 만큼 즐길 수 있듯이 모쪼록 이 책을 통해 야생화에 대한 이해를 넓히길 바라며, 이 책이 자연을 즐기면서 우리나라 야생화의 신비로운 특징과 진정한 멋을 알 수 있게 하는 데 좋은 길잡이가 되기를 바란다.

2013년 4월

한국난협회 회장 / (전)한국식물분류학회 회장 이남숙

차례

여름꽃 산책

가을꽃 산책

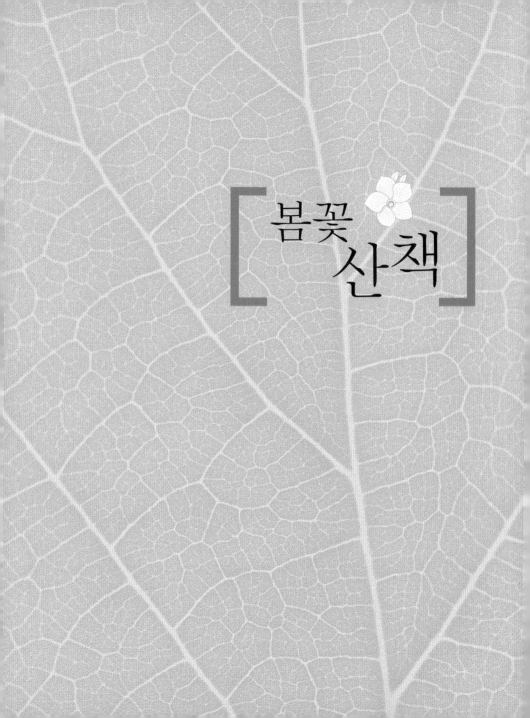

[봄꽃
산책]

복수초

한파를 이겨내고
피어난 노란 꽃

　　복수초福壽草의 이름을 한자와 병기해 놓으면 금방 무슨 뜻인지 알게 된다. 복과 장수를 가져다준다는 의미다. 보통 추위가 남아 있는 2월 말경 꽃을 피우며, 일부 지역에서는 12월 말부터 피기도 한다. 겨울 추위가 끝나기도 전에 씩씩하게 언 땅을 녹이면서 샛노란 빛으로 피어 올라오는 꽃이 신비롭기만 하다.

　　이처럼 눈이 녹기 전에 언 땅을 뚫고 싹이 나오고 꽃이 피어 설연화雪蓮花라고도 하고, 얼음을 녹이면서 피어나는 꽃이라 해서 얼음새꽃이라고도 하며, 이른 봄 야산에서 가장 먼저 핀다고 해서 원일초元日草라고도 부른다. 보라색 꽃받침이 안쪽의 꽃잎과 수술, 암술을 감싼 모습은 흡사 어미가 아기를 옷으로 감싸주고 있는 듯하다.

　　2005년 3월, 포항에도 폭설이 내려 무릎까지 눈이 쌓인 날 복수초를 찾아 나섰다. 눈을 헤집고 찾아가 눈 속에 파묻힌 복수초를 보았다. 겨울이나 이른 봄에 꽃을 피우는 식물체들은 아주 활발하게 물질대사이화작용를 진행한다. 활발한 물질대사는 열을 발산시키고

1~2 복수초 3 개복수초 4 개복수초 열매 5 세복수초 6 개복수초 겹꽃

그 열에 의지해 추위를 견디며, 주변의 눈이나 얼음마저 녹인다. 이런 예를 보이는 대표적인 꽃이 복수초와 앉은부채다. 이날 만난 복수초도 주위의 눈을 녹여 놓았다.

복수초속에는 복수초, 개복수초, 세복수초 3종이 있다. 복수초의 아종인 애기복수초를 따로 분류하는 경우도 있는데, 나는 아직 애기복수초를 보지 못했다. 복수초는 다른 종에 비해 꽃이 상대적으로 작고 꽃받침이 8장이며, 꽃받침이 꽃잎보다 크거나 같다. 개복수초는 꽃이 상대적으로 크며 꽃받침이 보통 5장이고 꽃잎보다 작으며, 가지가 여러 개로 갈라지는 특징이 있다. 세복수초는 자생지가 제주도이며 잎이 먼저 나오고 뒤이어 꽃이 피어나며, 잎이 가늘게 많이 갈라진다.

2010년 2월 말. 세복수초를 보고 싶어서 제주도를 방문해, 제주 인디카 회원들의 안내로 한라산의 세복수초 자생지에 들어서니 세복수초 꽃들이 활짝 피어 있었다. 삭막한 겨울 숲을 황금색으로 물들인 모습을 보니 그 존재감이 대단했다.

예전에 수많은 꽃잎을 달고 있는 개복수초 겹꽃을 발견했고, 그 이후 매년 4월이면 퇴근길에 그 꽃을 보러 가고는 했다. 꽤나 큰 즐거움이었는데, 지금은 아쉽게도 영원히 볼 수 없게 되었다. 누군가 욕심을 내어 캐어 간 것인데, 당시의 참담함은 이루 말할 수 없었다. 세월이 흐르니 감정이 조금은 무디어지긴 했지만, 4월이 오면 내 발걸음은 자꾸만 그곳을 향한다.

너도바람꽃 · 변산바람꽃
생존을 위한
진화의 결정체

       2월에 접어드니 제주도의 세바람꽃과 제주수선화
가 활짝 피어나 봄소식을 전하고, 남부지방에서도 개복수초가 피었
다는 소식이 들려온다. 이제 곧 3월이 오면 서해의 변산반도와 남해
의 여수 돌섬 주위로 변산바람꽃이 피어나 본격적인 봄을 알려 주
겠지. 노루귀도 줄기와 꽃받침에 보송보송 털을 덮어쓰고 봄 마중
을 나오겠고. 계곡 주변 괭이눈들도 하나 둘 피어나 졸졸졸 흐르는
물소리와 함께 봄노래를 흥얼거릴 거야. 그러면 언 땅을 뚫고 너도
바람꽃이 고개를 숙인 채 꽃대를 올리겠지.

    "너도 바람꽃이니?"

    "그래 나도 바람꽃이야."

    "무슨 바람꽃이 그렇게 작아?"

    "원래 난 태생이 이래. 이른 봄 다른 식물이 올라오기 전에 빨리
꽃을 피우고 열매를 맺어야 해. 아주 효과적인 나만의 생존 방식이
지. 남들이 없을 때 얼른 꽃을 피우고 열매를 맺은 다음 이 터를 다

른 친구에게 물려 줘야 하거든."

　이름에 '너도' 혹은 '나도'라는 말이 붙는 식물이 제법 있다. 보통 원종보다 좀 모자란 느낌인 식물이면 '너도'가 붙고, 좀 우월해 보이면 '나도'라는 말이 붙는다. 이 바람꽃 부류에도 너도바람꽃과 나도바람꽃이 있다. 너도바람꽃은 보통 꽃대에 꽃 한 송이만을 피우지만, 나도바람꽃은 줄기 끝에 흰색 꽃 여러 송이가 뺑 돌아가면서 달린다. 너도바람꽃은 꽃대가 커봐야 10㎝ 내외인데 나도바람꽃은 30㎝ 이상 자란다.

　너도바람꽃과 변산바람꽃은 같은 속 식물로 흰색 꽃잎처럼 보이는 것은 꽃받침이 변형된 것이고, 그 속에 노란색과 초록색 젤리 모양 같은 것이 꽃잎이 변해서 만들어진 구조물이다. 특히 너도바람꽃은 꽃의 지름이 1㎝ 정도이며 젤리 모양의 꽃잎이 Y 자 형으로 갈라져 끝 부분에 노란색 꿀샘을 만들어 놓고 곤충을 유혹하며, 변산바람꽃은 꽃의 지름이 2㎝ 정도로 꽃잎이 초록색 또는 황금색 깔대기 모양으로 변형되어 꿀샘을 만들고 따뜻한 봄빛에 일찍 깨어난 곤충들을 유혹한다.

　"많은 꿀을 가지고 있으니 등에야 벌들아 나에게로 오렴."

　꽃들의 구애가 애처롭다.

　이렇게 꽃받침을 꽃잎으로, 꽃잎을 꿀샘 모양으로 변형시킨 이유는 분명하다. 이른 봄 겨울잠에서 깨어난 곤충이 많지 않은데, 그 곤충이라도 불러들여야 하니 자신을 최대한 예쁘게 치장해야 한다.

너도바람꽃과 씨앗

1 나도바람꽃 2 나도바람꽃 씨앗 3 변산바람꽃과 골돌 4 변산바람꽃과 등에

그것이 현재의 너도바람꽃이요, 변산바람꽃이다. 수많은 세월을 거치면서 환경에 스스로 적응한 결과다.

기하학적으로 펼쳐지는 너도바람꽃의 골돌은 경이롭기까지 하다. 씨앗이 익으면 수평으로 펼쳐지면서 끝 부분이 벌어져 씨앗이 노출된다. 씨앗은 흰색에서 갈색으로 변하며 씨앗이 떨어져 새로운 꽃을 피우기까지 3년 정도 걸린다. 씨앗이 떨어져 1년 차가 되면 뿌리 중간쯤에 아주 작은 덩이줄기가 형성되고 덩이줄기에 저장된 영양분으로 그 다음 해에 또 새싹을 올린다. 보통 3년 차가 되면 꽃대를 올리고 개화가 진행된다. 이것은 씨앗으로 실험해 본 것은 아니고 꽃 주변에 자라고 있는 새싹들을 관찰한 결과다. 변산바람꽃도 거의 같은 과정을 거친다.

서해의 변산반도에서 처음 발견된 변산바람꽃이 경주쪽 야산 돌밭과 계곡 주변에도 분포한다. 그래서 변산반도까지 가지 않고도 귀한 한국특산식물인 이 꽃을 볼 수 있다. 변산바람꽃 위에 앉은 등에가 봄빛에 분주하다. 등에의 노력으로 변산바람꽃도 열매를 맺었다. 변산바람꽃은 보통 골돌 3~5개를 만들며 3월에 꽃이 피어 5월 말경이 되면 씨앗이 주변에 떨어지고 식물체는 녹아 흔적도 없이 사라진다. 변산바람꽃은 야산의 돌이 많은 곳에 터를 잡고 살며 먼 곳으로 퍼져나갈 비산도구가 없기 때문에 기존 식물체 주변에 씨앗이 많이 떨어진다. 그래서 변산바람꽃이 자생하는 곳이면 거의 군락을 이룬다. 이제 곧 변산바람꽃과 너도바람꽃이 살랑살랑 불어오는 봄바람을 타고 꽃소식을 전해 줄 테니, 그들을 만나러 갈 준비를 해야겠다.

앉은부채 · 노랑앉은부채 · 애기앉은부채

부처의
형상을 한 꽃

앉아 있는 부처의 형상을 닮은 꽃이 있다. 앉은부채
다. '앉은부처'라고 부르다가 앉은부채가 되었다.

천남성과의 앉은부채속 식물에는 앉은부채와 앉은부채의 품종
인 노랑앉은부채, 그리고 애기앉은부채가 있다. 앉은부채와 노랑앉
은부채는 이른 봄 복수초보다도 빨리 피어난다. 특히 이 둘은 꽃이
먼저 피고 난 뒤에 잎이 올라오고, 꽃이 지고 나면 잎이 활짝 펼쳐진
다. 꽃도 그 모양이 도깨비방망이 같다. 이러한 꽃을 육수화서肉穗花序
: 꽃대 주위에 꽃자루가 없는 수많은 잔 꽃이 모여 피는 꽃차례라고 한다. 육수화서를 감
싸서 보호하고 있는 것은 불염포佛焰苞라고 부른다.

눈 속에 피어난 앉은부채 주변은 눈이 다 녹아 있다. 이것은 불
염포가 자랄 때 진행되는 활발한 물질대사로 많은 열이 방출되기
때문이다. 앉은부채는 양성화로, 암술이 먼저 피어나서 며칠 있다
가 함몰되면 뒤에 수술이 나온다. 앉은부채는 화분 매개자인 곤충
이 많지 않은 이른 봄에 꽃을 피우기 때문에 가루받이할 때 곤충의

1 앉은부채 2 앉은부채 3 노랑앉은부채 4 애기앉은부채 5 앉은부채 잎

도움을 받기가 쉽지 않다. 그래서 수정에 성공해 열매를 맺을 확률이 10%도 안 된다고 한다. 성공 확률이 낮아도 암술 먼저 수술 나중 방식을 고집하는 것을 보면 근친혼만은 철저히 피하고 싶은 모양이다. 잎은 꽃이 완전히 핀 후에 돌돌 말려 피어나기 시작하고 5월이 되면 어른 손바닥보다도 큰 잎이 완전히 펼쳐진다.

노랑앉은부채는 불염포의 색이 완전히 노랗다. 앉은부채의 품종으로 우리나라에서만 관찰되며 너무 희귀해 보기 어렵다.

애기앉은부채는 앉은부채와 달리 이른 봄에 잎이 먼저 나오고 잎이 진 뒤인 7월에 꽃이 피어난다. 즉 앉은부채는 꽃이 먼저 피고 잎이 나오는 반면, 애기앉은부채는 잎이 먼저 나오고 그 잎이 진 다음에 꽃이 피어난다. 같은 속 식물이면서도 생태적 습성이 완전히 다른 셈이다.

5월 초에 충청북도 단양의 한 산에서 평소에 보지 못했던 무성한 잎이 있어 무엇인지 궁금했던 경험이 있는데 알고 보니 그것이 바로 앉은부채의 잎이었다.

생강나무 · 산수유
닮은 듯 다른
이른 봄 노란 꽃

간간히 따뜻한 바람이 불어오는 3월. 망울을 품고 있던 꽃들이 화들짝 놀라 꽃망울을 터뜨린다. 산 아래 논두렁 밭두렁에도 온기가 돌아 움츠리고 있던 개불알풀, 큰개불알풀도 기지개를 켠다. 담벼락 아래에서는 혹독한 겨울 추위를 견뎌 낸 냉이, 말냉이, 꽃마리, 꽃다지들의 봄노래가 싱그럽다. 앙상했던 나뭇가지에도 잎눈, 꽃눈들이 봄맞이를 서두른다. 그 중 단연 으뜸은 생강나무다.

생강나무는 2월 초만 되어도 보송보송 털모자를 뒤집어쓰고 잎눈과 꽃눈을 함께 만들어 낸다. 3월에 생강나무 군락지에 가면 꽃눈이 잎눈보다 먼저 터져 노란색 꽃물결이 일렁인다. 손톱으로 나무 줄기를 살짝 문질러 코끝에 대어 보면 알싸한 생강 냄새가 코끝을 자극한다.

옛날 여인네들은 머리를 윤기나게 하려고 동백기름을 발랐다. 물론 동백나무의 열매를 채취해 짜서 만든 것이다. 그런데 이 동백기름이 중부지방에서는 아주 희귀해 생강나무 열매로 기름을 만들어 썼다. 그러다 보니 생강나무 꽃이 동백꽃이라 불리게 되었다. 특히 강원도 쪽에서는 생강나무를 산동백 혹은 개동백으로 부르니 강원도에서의 동백꽃은 생강나무인 셈이다. 1936년에 쓴 김유정의 단편 소설 〈동백꽃〉도 이 생강나무의 꽃을 말하는 것이다.

> 그리고 뭣에 떠다 밀렸는지 나의 어깨를 짚은 채 그대로 퍽 스러진다. 그 바람에 나의 몸뚱이도 겹쳐서 쓰러지며 한창 피어 퍼드러진 노란 동백꽃 속으로 파묻혀 버렸다. 알싸한, 그리고 향긋한 그 냄새에 나는 땅이 꺼지는 듯이 온 정신이 고만 아찔 했다.

소설의 마지막 부분으로 '노란 동백꽃'이라는 말이 나오고, '알싸한'이라는 표현이 있다. 강원도 산골에 흐드러지게 피어날 수 있는 노란 동백꽃은 겨울에 붉게 피는 동백나무의 꽃이 아니고 생강나무의 꽃이라는 걸 알 수 있다.

생강나무와 유사한 품종으로 털생강나무, 둥근잎생강나무가 있다. 털생강나무는 꽃자루의 털이 특징이고, 둥근잎생강나무는 잎이 둥근 것이 특징이다. 그리고 이 생강나무와 생김새가 비슷한 산수유도 있다. 얼핏 보면 비슷한데 자세히 보면 꽃, 잎, 수피 그리고 자생지도 다르다. 이른 봄 야산에 피어난 꽃은 거의가 생강나무이고, 화원이나 공원, 도로 주변의 노란색 꽃은 거의가 산수유다. 산수유

1 생강나무 암꽃 2~3 생강나무 수꽃 4 털생강나무 암꽃 5 산수유 꽃눈 6 산수유

산수유 꽃과 수피

꽃은 지름 4~5㎜, 꽃대는 8㎜ 정도 되며, 노란색 작은 꽃 20~30송이
가 소복하게 피어난다. 생강나무의 수피는 갈라지지 않으나 산수유
의 수피는 더덕더덕 갈라지는 것도 다르다.

　이른 봄 야산에 핀 생강나무 꽃을 보고 "산수유가 화사하게 피
었네!"라며 감탄하는 일이 없기를.

보춘화

절개와
지조의 꽃

사군자 중의 하나인 난은 예로부터 고결한 품성과 청초함을 상징해왔다. 꽃이 고상하게 생겼고, 향기도 진하며, 잎 선이 아름다워 시가 속에 자주 등장했으며, 많은 수묵화의 소재가 되기도 했다. 특히 생존을 위협하는 혹독한 추위 속에서도 꼿꼿함을 유지하는 생태적 특성 때문에 변함없는 절개와 지조의 상징으로도 여겨졌다. 그 대표적인 난이 보춘화^{春蘭}다.

보춘화는 전라도의 특정 지역 야산에 가면 발에 밟힐 정도로 개체수가 많지만, 경상북도 지역에서는 아주 희귀해서 4월이 오면 전라도 쪽으로 보춘화 탐사를 떠난다. 낙엽에 덮여 황량하기 그지없는 야산 언저리여서인지 예쁜 꽃과 싱그러운 초록색 잎이 더욱 돋보인다. 맵시 있는 잎 선과 진한 향기를 내는 꽃이 한겨울의 추위를 당당히 지켜온 자신을 대견하게 여기는 듯 당당하다.

아름다운 향기에 취해 사진 찍는 것도 잊은 채 하염없이 바라다본다. 어찌 이렇게도 예쁘게 꽃을 피울까? 혹한을 이겨 낸 난초만이

누릴 수 있는 특권이리라. 그 모습 그대로 늘 그 자리에서 당당하게
자신을 지켜나가길 기원한다.

난 종류는 전 세계에 2만~2만 5천 종이 있다. 대부분이 열대, 아
열대에 분포하며, 우리나라에 자생하는 난은 100여 종에 불과하다.
그중에서도 멸종위기에 처한 것이 10종이나 되니 자생지 보호가 절
실하다.

보춘화를 시작으로 난의 꽃들이 하나씩 피어나고, 9월에 제주도
의 섬사철란을 마지막으로 우리나라에 자라는 난 100여 종의 꽃잔
치는 끝난다.

보춘화

히어리

남도의
향기를 찾아서

4월 초가 되어 복수초, 노루귀, 변산바람꽃들이 이미 씨앗을 달고 다른 식물에게 그 자리를 내어 줄 즈음, 나무들도 하나 둘 꽃망울을 터뜨리기 시작한다. 지리산 언저리와 전라남도 순천의 야산에서는 히어리의 노란 꽃들이 조롱조롱 매달려 피어난다.

히어리는 순천 송광사에서 처음 발견되어 송광납판화라는 이명을 가지고 있다. 꽃잎을 자세히 보면 밀랍형의 얇고 쭈글쭈글한 연노란 종이를 여러 겹 곱게 접어놓은 모양이라 납판화라는 이름이 붙었다. 작지만 빨간 꽃술이 참으로 매력적이다.

히어리라는 이름은 어디서 왔을까? 히어리는 '희다'는 뜻의 하야리, 허여리에서 변형된 이름이라고 하는데, 꽃이 엷은 노란색이라 꽃 때문은 아니다. 엉뚱하게도 이 나무는 순천지방에서는 '시오리나무'라고 불렸다고 한다. 길이를 재는 단위로 사용되었다는 이야기다. 오리나무처럼 시오리6km마다 이 나무를 심어 거리를 표시한 것에서 유래되었다고 하며, 국명을 등재할 때 히어리나무로 개칭했다

1~2 히어리

고 한다.

학명이 *Corylopsis coreana*로, 일본인 식물학자 우에키^{Uyeki}가 처음 발견해 *coreana*라는 종명을 붙였으나 최근 일본에도 이 식물이 자생한다는 보고가 있어 지금은 특산식물에서 제외되었다고 한다.

반대로 일본특산식물로 알려져 있다가 최근 우리나라에서도 발견된 나무가 하나 있다. 꽃이 참 아름다워 한 번 보면 정신이 혼미할 정도인 주걱댕강나무다. 히어리가 일본에서 발견되어 한국특산식물에서 제외되었듯이 우리나라 남쪽에서 이 식물이 발견되어 일본특산식물 하나가 사라진 셈이다.

히어리가 처음 발견될 당시에는 따뜻한 남쪽에만 사는 것으로 알려졌는데, 경기도 수원 근교의 광교산과 강원도 백운산에서도 군락지가 발견되고 있다. 포항 인근 야산에서도 이 꽃을 볼 수 있다면 더욱 좋으련만.

때로는 보고 싶은 꽃이 멀리 있는 것도 좋은 것 같다. 그걸 찾아 떠날 생각에 마음이 설레는 걸 보면 말이다.

1 히어리 2 주걱댕강나무

얼레지

봄동산에 피어난
연가

두터운 잎 두 장에 동그랗게 말려서 꽃봉오리를 감싸며 돋아난 모습이 새 생명을 잉태한 어머니의 품속같이 포근해 보인다. 차츰 자라나 꽃이 활짝 피면 이제 완연한 봄이라고 보아도 된다. 큼지막한 보라색 꽃잎 여섯 장을 뒤로 말아 넘기고 긴 꽃술을 밖으로 쭉 내민 모습이 아름다워 넋이 나간다.

얼레지 비슷한 말로 '엘레지'가 있다. 이 얼레지 꽃도 엘레지에서 왔다는 것과 잎의 무늬가 어루러기를 닮아서 얼레지가 되었다는 견해가 있다. 그 때문에 먼저 엘레지에 대해서 알아 볼 필요가 있다. 엘레지는 두 가지 의미가 있는 것으로 알려져 있으며, 하나는 슬픈 노래를 뜻하는 비가悲歌 또는 애가哀歌이고, 다른 하나는 순 우리말로 수캐의 생식기를 뜻한다.

슬픈 노래를 뜻하는 엘레지는 그리스어의 엘레게이아Elegeia, 애도가에서 유래된 말로 친구나 연인의 죽음이나 이별 또는 실연당한 슬픔에 잠긴 심정을 시나 노래로 표현한 것이다. 수캐가 발정기에 접

1~4 얼레지

어들면 생식기가 길게 나오는데 얼레지가 땅에서 뾰족하게 올라오는 모습과 어린 꽃봉오리가 개의 엘레지와 무척 닮았다. 개의 생식기에 비유해서 좀 민망하기는 하지만, 어린 꽃봉오리가 영락없는 엘레지다.

잎 안쪽의 무늬가 얼룩얼룩해 어루러기를 닮았다고 해 얼레지라고 한다는 견해도 알아보자. '어루러기'라는 말의 사전적 의미는 "균에 의해 살갗에 얼룩얼룩한 무늬가 생기는 피부병의 하나로, 처음에는 둥근 모양의 작은 점으로부터 시작해 차차 번지게 되면 황갈색 또는 검은색으로 변하는 것"이며, 어루러기의 옛말이 '어르러지'이고, 여기에서 얼레지가 유래되었다는 것이다. 식물의 특성으로 보면 잎의 어루러기 무늬에서 얼레지가 왔다고 하면 가장 그럴듯하지만, 얼레지의 잎이 피부병의 일종인 어루러기를 닮았다고 하면 예쁘게 피어난 얼레지가 속상해할 것 같다.

엘레지의 여왕이 이미자라고 한다면 얼레지의 여왕은 단연 흰얼레지일 듯하다. 꽃만 흰색이라고 흰얼레지가 되는 것이 아니다. 꽃밥도 흰색이어야 하며, 잎에 갈색 무늬가 없어야 한다. 사진 4의 얼레지는 잎에 갈색 무늬도 없고, 꽃도 흰색인데 애석하게도 꽃밥이 검은 색이다.

3월 어느 날 함박눈이 내렸다. 혹 눈 속의 얼레지를 볼 수 있을까 기대하면서 위험을 무릅쓰고 얼레지 자생지를 찾았다. 기대처럼 눈 속에서도 얼레지 꽃봉오리가 봄노래를 흥얼거리고 있었다. 추위에

오돌오돌 떨까봐 잎이 꽃봉오리를 감싸고 있었다.

얼레지는 씨앗이 떨어져 꽃이 필 때까지 6~7년이 걸린다고 한다. 인고의 세월을 거쳐 피어나기에 얼레지 꽃은 그렇게 아름다운 것이다. 아름다운 여인일수록 질투도 많고 바람기도 많다고 여겼나 보다. 이 얼레지 꽃도 아름다워 꽃말이 '질투'와 '바람난 여인'이다. 보통 식물의 꽃잎은 암술과 수술을 감싸서 보호하는 역할을 하는데, 얼레지는 꽃잎을 뒤로 말고 암술과 수술을 기다랗게 밖으로 내밀고 있다. 암술과 수술은 생식기인데 부끄러움도 없이 바깥으로 노출시켜 놓고 있으니 '바람난 여인'이 될 수밖에 없었나 보다.

산자고

뒷산의 시어머니,
앞산의 봄처녀

　　촉촉한 대지에 봄비가 내린다. 완연한 봄을 알리는
아지랑이와 함께 산자고山慈姑가 피어난다. 자고慈姑는 '자애로운 시어
머니'를 뜻하는 말이다. 옛날에 며느리에게 자고慈姑가 된다는 것이
쉬운 일이 아니었다. 시아버지에게 홀대받은 시어머니의 화풀이 대
상이 며느리였음을 말해 주는 꽃도 있다. 꽃며느리밥풀과 며느리밑
씻개. 이 둘이 고부간의 갈등을 그리는 대표적인 식물이라면 산
자고는 고부간의 아름다운 사랑을 나타내는 식물이다.
　　산자고에 대해 전해오는 이야기를 간추려 적어보면 다음과 같다.

　　효성 지극한 며느리가 등창으로 말할 수 없는 고통의 날을
보내자, 시어머니는 며느리의 등창을 치료할 약재를 찾아 나섰
고, 산 속을 헤매다가 양지바른 산등성이에서 별처럼 예쁘게 핀
작은 꽃을 만났다. 꽃이 피기에는 좀 이른 시기라 신기하게 바
라보았는데, 그 꽃 속에서 며느리의 등창에 난 상처가 비치었

1~2 산자고 3 중의무릇 4 무릇

다. 그 뿌리를 캐어다가 으깨어 며느리의 등창에 붙여주니 흘러
내리던 고름도 멈추고 상처도 며칠 만에 감쪽같이 치료되었다.

이 이야기로 인해 '산에 자라는 자애로운 시어머니'라는 뜻의 산
자고가 되었다고 한다.

가느다란 줄기에 지탱할 수조차 없을 정도로 큰 꽃을 달고 있는
산자고는 서식지 환경에 따라 자라는 모습이 다르다. 빛이 잘 들어
오지 않는 곳에 자란 산자고는 꽃줄기가 길며, 줄기가 꽃을 지탱할
힘도 없어 꽃이 옆으로 누워서 자란다. 반면에 따뜻한 양지 언덕배
기에 자라는 산자고는 꽃줄기가 짧고 단단해서 강한 바람에도 아랑
곳하지 않으며, 줄기는 더욱 단단해진다. 특히 산자고는 빛에 민감
해서 이른 아침이나 늦은 오후에는 꽃잎을 펼친 모습은 볼 수 없고,
빛이 없는 날에는 하루 종일 꽃잎을 열지 않는다.

산자고는 '까치무릇'이라는 이명으로도 불린다.

산자고도 예쁜 이름이지만 그래도 순 한글 이름인 까치무릇이
더 정겹게 느껴진다. 어찌해 까치무릇이라고 불렸을까? 어떤 이는
무릇에서 비슷한 점을 찾으려 한다. 단지 '무릇'에 '까치'라는 말이
더 붙어 있다고 여겨서 억지로 무릇과 비슷한 면을 찾으려 하다 보
니 이렇게 저렇게 짜 맞추어 보기도 한다. 그러나 무릇보다는 중의
무릇에서 비슷한 점을 찾는 것이 훨씬 좋을 듯하다.

좌우로 뻗어나간 줄기잎의 형태는 뿌리에서 잎 하나가 나오는

중의무릇과 아주 비슷하다. 그런데 꽃 색과 꽃이 달리는 수에서 차이가 난다. 까치무릇은 줄기 끝에 흰색 꽃 하나만 달리며, 꽃잎 아랫면에 붉은 줄무늬가 있다. 그런데 중의무릇은 꽃줄기에 보통 꽃이 3송이 이상^{10송이 이하} 달리며, 꽃잎이 노란색이고, 꽃잎 아랫면은 초록색이다. 이런 면에서 보면 약간의 차이가 있기는 하지만 그래도 총상꽃차례로 피는 무릇보다는 꽃잎이 6장으로 같은 이 중의무릇이 까치무릇에 더 가까워 보인다. 혹 꽃잎 아랫면의 붉은색 줄무늬가 까치의 형상을 닮아서 중의무릇에서 '중의'라는 말을 빼고 '까치'를 붙여서 까치무릇이라고 했을 거라 짐작하면 비약일까?

까치무릇의 꽃말은 '봄처녀'다. 봄처녀가 봄바람이 살랑살랑 불어오는 봄 언덕배기에서 아름답게 피어나 완연한 봄이 왔음을 알려 준다.

처녀치마 · 숙은처녀치마

옛날 처녀
요즘 처녀

처녀치마는 잔설이 녹은 산비탈에 작년에 피워 올린 잎만 무성하다가 방석 같은 그 잎 가운데서 꽃대를 올리기 시작한다. 따사로운 봄빛에 수줍은 듯 밀어 올린 꽃대에서 꽃 3~10송이를 피워 올린다. 혹독한 겨울을 견뎌냈기에 봄빛에 피어난 꽃의 자태가 더욱 요염하다.

중북부 지방의 깊은 산속에 주로 자라는 처녀치마는 작년에 자란 주걱 모양 긴 잎을 땅바닥에 축 늘어뜨리고 그 가운데에서 난쟁이 같은 꽃대가 새 잎과 함께 올라온다. 꽃이 피고 결실이 이어지면 방석 같은 잎은 새로 자란 잎에게 모든 것을 넘겨주고 미련 없이 사라진다. 잎은 길게 늘어뜨리고 꽃대는 난쟁이 같은 모습이어서 난장이처녀치마라고도 불린다. 꽃이 지고 열매를 맺었을 때는 키가 엄청 웃자란 것을 볼 수 있다. 아마도 씨앗을 좀 더 먼 곳으로 보내려는 것 같다.

처녀치마와 비슷한 숙은처녀치마^{좁은잎처녀치마}도 있다. 처녀치마와는 잎이 확연히 다르고, 꽃이 피는 시기도 처녀치마는 3~4월, 숙

1 처녀치마 2 처녀치마의 잎 3~4 숙은처녀치마

은처녀치마는 5월로 다르며, 자생지도 처녀치마는 중북부 지방이고 숙은처녀치마는 남부 지방 고산 지대여서 뚜렷하게 구분된다. 형태적 특성도 서로 다르다. 처녀치마는 잎이 주걱형으로 길며 잎 가장자리에 자잘한 톱니가 있는 반면에 숙은처녀치마는 잎이 거꾸로 된 피침형이고 가장자리에 톱니가 없다.

과거에는 한국산 처녀치마를 일본에 자생하는 종과 같은 종으로 여겨 학명 *Heloniopsis orientalis*을 표기했으나, 이화여대 이남숙 교수가 한국에 자생하는 처녀치마는 일본에 자생하는 처녀치마와는 차이가 있다며, 처녀치마 *Heloniopsis koreana*와 숙은처녀치마 *Heloniopsis tubiflora*를 한국에서만 자생하는 한국 고유종으로 표기했다.

처녀치마는 롱스커트를, 숙은처녀치마는 미니스커트를 입고 있는 듯하다. 처녀치마는 옛날 처녀, 숙은처녀치마는 신식 처녀들로 보인다. 숙은처녀치마는 고산에서 5월의 싱그러움을 온 몸으로 즐긴다. 당당히 미니스커트를 입고서 자신을 찾아오는 이들을 유혹한다. 옛날에는 발목까지 덮이는 긴 치마가 주였으나, 요즘에는 짧은 치마가 대세다. 긴 치마든 짧은 치마든 당당한 모습이 보기 좋다.

식물이 꽃 피울 때를 사람으로 비교하면 가장 화려한 시기인 20대에 해당된다. 젊음 하나만으로도 이 세상 모두가 내 것 같은 시기다. 강원도 얼음골에서 맹추위를 견뎌내고 당당하게 꽃을 피운 처녀치마처럼, 영남의 알프스라 불리는 신불산 정상에서 화려하게 보라색 꽃을 피워 영남알프스를 호령하는 숙은처녀치마처럼, 우리 젊은이들도 당당한 20대를 보내길 바란다.

깽깽이풀

인기투표 1위
야생화

　　　　　아름답기로 두 번째 가라면 서러워 할 꽃들이 제법 있다. 깽깽이풀도 그렇다. 야생화를 좋아하는 사람들을 대상으로 투표를 한다면 깽깽이풀이 최고 미녀로 등극할 게 분명하다. 그만큼 미모가 출중하다.

　깽깽이풀은 암술과 수술의 색이 다른 것이 2가지가 있다. 자방이 연두색에 노란 수술을 달고 있는 깽깽이풀과 자방도 진한 자주색이고 수술도 자주색 계열인 것도 있다. 전자는 주로 중북부에 자생하고, 후자는 대구 부근에 자생한다. 깽깽이풀은 해바라기처럼 꽃이 해를 따라 이동한다. 해가 서산으로 뉘엿뉘엿 넘어갈 때면 꽃도 서산을 향해 있다.

　깽깽이풀은 꽃대가 먼저 올라오고 뒤이어 잎이 나오기 시작한다. 꽃이 필 때쯤이면 이미 붉은색 잎도 제법 화사하게 펼쳐진다. 보통 잎은 초록색으로 피어나지만 깽깽이풀은 잎이 붉은색으로 피어나서 꽃이 지고 열매가 맺을 즈음에 초록으로 변한다. 붉은 잎이 꽃

1

1~5 깽깽이풀 6~7 깽깽이풀 결실

못지않게 아름답다.

씨앗은 검은색으로 익어가고, 흰색 젤리 같은 말랑말랑한 물질이 씨앗에 붙어 있으며, 그 속에 개미가 좋아하는 엘라이오솜이라는 물질이 들어 있다. 과피가 터지면 개미들은 엘라이오솜을 얻기위해 씨앗을 자기 집으로 운반한다. 씨앗을 운반하다가 중간 중간에 씨앗을 떨어뜨리면, 그 곳에 깽깽이풀이 피어난다. 그래서 마치사람이 깽깽이풀 씨앗을 일정한 간격으로 파종해 놓은 것 같다.

내가 사는 곳과 가까운 편인 대구권에는 깽깽이풀 자생지가 3곳있다. 한 곳은 이미 자생지가 훼손되어 꽃을 거의 볼 수 없게 되었고, 다른 한 곳은 많은 사람들이 들락거려 자생지 파괴가 우려되는곳이다. 나머지 한 곳은 아직 잘 알려지지 않은 장소로 대구에 사는홍순대 씨가 처음 발견해 현장이 잘 보존되어 있다.

다른 꽃들은 몰라도 깽깽이풀만큼은 매년 만나러 간다. 4월, 올해도 어김없이 보라색 꽃이 산비탈을 덮고 있다. 미풍에도 온 몸을흔들면서 자신의 자태를 자랑하기에 여념이 없다. 보라색 꽃잎 6장, 노랗고 붉은 꽃술에 그저 감탄할 뿐이다. 그저 바라만 보아도 기분이 상쾌하다. 꽃이 금방 떨어졌을 때의 자방은 붉은 빛을 띤다. 붉던잎이 초록으로 돌아올 때쯤이면 붉은색으로 출발했던 자방도 초록으로 변해 있다. 잎이 지고 열매가 터질 때쯤에는 어떤 색 어떤 모습으로 변해 있을지 궁금하다.

바람꽃들

봄바람에 한들한들,
가녀리지만 예쁜 꽃들

미나리아재비과의 바람꽃속*Anemone* 중 내가 만나본 것들은 바람꽃, 태백바람꽃, 세바람꽃, 들바람꽃, 홀아비바람꽃, 회리바람꽃, 꿩의바람꽃, 남바람꽃*남방바람꽃*, 8종이다. 가래바람꽃, 국화바람꽃, 바이칼바람꽃, 쌍둥바람꽃, 숲바람꽃, 외대바람꽃 등이 더 있지만 대부분 남한에서는 볼 수 없는 종이어서 기대를 접었다. 이 외에 나도바람꽃속*Isopyrum*의 나도바람꽃과 개구리발톱속*Semiaquilegia*의 개구리발톱과 만주바람꽃, 매화바람꽃속*Callianthemum*의 매화바람꽃 등도 있다. 나도바람꽃, 개구리발톱, 만주바람꽃은 보았지만 매화바람꽃은 역시 아직 만나지 못했다.

바람꽃속 중에 가장 늦게 피는 종이 바람꽃이다. 바람꽃속 종들이 대부분 4~5월에 걸쳐 집중적으로 피는데, 바람꽃만은 7~8월에 설악산 대청봉 정상 부근에서 군락으로 피어난다. 이 꽃은 북쪽에 고향을 둔 북방계 식물인데 설악산에 자란다는 것은 그곳이 분포의 남방한계선이라는 이야기다.

우리나라는 국토가 남북으로 길어 북방계 식물과 남방계 식물이 혼생한다. 북방계 식물마다 남방한계선이 다른데, 바람꽃은 설악산 대청봉1,708m 정상 주변에 터를 잡고 고산의 비바람과 친구 되어 살아가는 것이다.

이 귀하디 귀한 바람꽃을 보려고 토요일 저녁 6시에 포항에서 출발해 동해안을 따라 설악산으로 향했다. 속초를 지나 오색에 도착하니 밤 10시. 잠을 자고 아침 6시에 한계령에서부터 오르기 시작했다. 한계령-대청봉-오색 코스는 꽃 탐사 목적이라면 더 없이 좋은 코스다. 한계령에서 대청봉까지는 경사가 완만하고, 기암절벽이 만들어낸 멋진 풍광과 다양한 꽃들을 보며 오르면 시간 가는 줄 모른다.

꽃이 있는 곳마다 쉬니 발길이 더디다. 끝청과 중청의 너덜지대에 흐드러지게 핀 꽃들도 발목을 잡는다. 고산지대에 적응한 네귀쓴풀은 귀티가 줄줄 흐른다. 만나기가 쉽지 않은 특산식물 등대시호도 만났다. 범꼬리 군락도 드넓게 펼쳐진다. 어차피 꽃을 만나러 간 길이니 시간이 흐른들 어떠한가. 드디어 바람꽃 군락이 나타났다. 중청 대피소에서 대청봉까지 드넓게 펼쳐지는 바람꽃 군락은 환상 그 자체다. 한동안 넋을 놓고 바라만 보았다.

대청봉 정상 표지석에서 증거사진을 남기고 오색 쪽으로 하산을 서두른다. 보통 한계령-대청봉-오색코스를 등산 목적으로 넘으면 쉬엄쉬엄 걸어도 9시간이면 충분하지만 꽃을 보면서는 12시간 정도

소요된다. 아침 6시에 산행을 시작했으니 오색에 저녁 6시가 되어 도착했다. 포항으로 내려오니 밤 11시. 고된 일정이었지만, 바람꽃 군락을 떠올리면 피로가 사라진다. 꿈속에서도 기다릴 바람꽃 군락을 기대하며 깊은 잠에 빠졌다.

강원도 태백산에만 자생하는 한국특산식물도 있다. 태백바람꽃이다. 태백산에서 처음 발견되었다. 꽃을 보면 셔틀콕 같기도 하고, 우주탐사선 같기도 하다. 아무튼 꽃이 좀 고상하게 생겼다. 태백바람꽃은 발견 당시 회리바람꽃과 들바람꽃의 교잡종으로 추정했는데, 2006년 발간된 식물분류학회지 제36권 4호에 실린 '태백바람꽃의 분자계통학적 검토'에서 연구자들은 "태백바람꽃은 회리바람꽃, 들바람꽃과 하나의 분계조를 형성하고 있어 두 종과 유연관계가 가까운 것으로 추정되나, 공유하는 염기서열이 없었고 유전자 다형성도 나타나지 않았기 때문에 태백바람꽃을 독립 종으로 보는 것이 타당하다."고 결론 내렸다. 그런데 한 가지 의문점은 이 개체의 씨앗이다. 태백바람꽃이 결실한 모양을 보려고 결실기 때 현장을 다시 찾았더니 결실된 개체를 거의 찾을 수 없었고, 그나마 결실되었다고 생각된 개체가 있었지만 매우 어설펐다. 태백바람꽃의 결실이 씨앗으로 성장할지는 꼭 확인해 보고 싶은 일이다.

태백산은 식생도 풍부해 한 번 가면 기대한 것 이상으로 만나는 꽃들이 많다. 홀아비바람꽃, 회리바람꽃 그리고 들바람꽃도 만날 수 있다. 특히 들바람꽃은 강원 이북으로 가야만 볼 수 있는 꽃이다. 꽃

1 바람꽃(8월)
2 바람꽃 결실
3 태백바람꽃
4 태백바람꽃 결실
5 홀아비바람꽃
6 홀아비바람꽃 결실
7 회리바람꽃
8 회리바람꽃 결실
9 들바람꽃

은 4월 중순경에 피기 시작하고 꽃받침에서 꽃자루가 나와 그 끝에 한 송이씩 피어난다. 지름이 2㎝ 정도로 크고 꽃잎처럼 보이는 흰색 꽃받침 6장의 뒤태는 분홍색이어서 묘한 아름다움을 자아낸다.

군락으로 피어난 홀아비바람꽃은 참 화사하다. 길쭉한 꽃대에 하나씩 피어나 홀아비를 연상케 한다. 그래서 홀아비바람꽃이라는 이름을 얻었다. 홀아비바람꽃은 대체로 군락을 이루니, 홀아비는 외로워도 홀아비바람꽃은 외롭지 않을 것이다. 홀아비바람꽃은 이삭잎에서 꽃대를 2개 올리는 경우도 있는데 어떤 도감에는 이것을 쌍동바람꽃으로 올려놓기도 했다. 쌍동바람꽃은 백두산에만 자생한다.

바람꽃속 중에 가장 개성 있게 생긴 꽃이 회리바람꽃이다. 연초록 꽃받침이 옆으로 펼쳐졌다가 시간이 지나면 완전히 뒤로 제쳐진다. 회리바람은 회오리바람의 강원도 사투리다. 회리바람꽃을 찬찬히 살펴보면 회오리를 일으키는 허리케인을 쏙 빼닮았다.

최근 제주도, 전라도 및 경상남도 쪽에서 발견된 식물로 남바람꽃 남방바람꽃, 한라바람꽃이라는 식물이 있다. 1942년에 박만규 씨가 처음 발견해 남바람꽃으로 기재했으나, 최근 한라산에서 발견된 것을 미기록종으로 여겨 한라바람꽃이라 등록했고, 나중에 남바람꽃과 같은 종으로 확인되어 남방바람꽃으로 기록되는 과정도 있어 여러 이름으로 불렸다.

남쪽에만 자생해 남방계 식물로 오인하기 쉬운데, 중국과 일본 북해도, 그리고 러시아에 분포하니 당연 북방계 식물이다. 그런데

© 야생마

1 남바람꽃 2 남바람꽃 결실 3 꿩의바람꽃 결실 4 꿩의바람꽃 5 세바람꽃 6 세바람꽃 결실

자생지가 제주도와 남쪽에만 확인되는 것이 이채롭다. 이 종을 구분하는 검색표에는 꽃대가 2~3개 피어난다고 되어 있지만 꽃은 최대 4송이까지^{4개가 흔함} 피어난다.

그런데 남바람꽃도 태백바람꽃처럼 결실을 잘 맺지 못하는 것 같다. 결실기에도 열매를 맺은 개체는 거의 없었고, 간혹 있어도 엉성했다. 그리 맺은 씨앗이 또 다른 식물체를 만들 수 있을지 의문이지만, 자생지 주변에는 남바람꽃 개체수가 상당히 많은 것을 보면 씨앗 이외의 방법으로 번식하는 전략이 따로 있는지 궁금하다.

바람꽃속 식물 중에 꽃이 가장 크고 자태가 화려한 종이 꿩의바람꽃일 듯하다. 활짝 피었을 때의 꽃 지름이 3~4㎝이고 약간의 미풍에도 꽃대가 절로 흔들린다. 꽃받침조각은 3개이며, 꽃받침 하나에서 다시 소엽 3개로 나뉜다. 열매 끝에 암술대의 흔적이 고리 모양으로 남아 있는 것이 특이하다.

제주도 한라산에서만 자생하는 바람꽃이 한 종 더 있다. 세바람꽃으로, 거의 대부분이 꽃을 3송이 피워서^{간혹 2송이를 피우는 개체도 있다}세바람꽃^{이명으로 세송이바람꽃}이라는 이름을 얻었다. 물론 마지막 꽃이 필 때쯤이면 처음 핀 것은 열매를 달고 있으니 3송이가 한꺼번에 피는 것을 보기는 쉽지 않다.

바람꽃속 식물의 결실 모습을 전부 확보해 보려고 많은 노력을 기울였지만 아직 들바람꽃의 결실을 확인하지 못했다. 들바람꽃의 열매를 보는 것이 올해의 목표다.

날개현호색 · 쇠뿔현호색 · 남도현호색
영남지역 특산식물,
현호색 3총사

현호색*Corydalis remota*의 속명 코리달리스*Corydalis*가 종 달새를 의미하는 라틴어라니 생김새를 참으로 잘 표현한 이름이다. 현호색 꽃을 앞 혹은 옆에서 보면 종달새가 입을 쫙 벌려 지저귀는 모습과 흡사하다.

종달새의 정확한 이름은 종다리다. 70년대 시골에서는 봄이면 논과 밭에 보리를 많이 심었는데, 종달새는 그 보리밭에 집을 짓고 알을 품었다. 인기척이 나면 알이 있는 곳에서 아주 빠른 걸음으로 이동해 하늘 높이 솟아올라 아름답게 지저귀었다. 우리는 종달새가 솟아오른 곳에 알이 있는 줄 알고 찾아보지만 매번 허탕이었다.

현호색 중 근래에 신종으로 발표되어 관심을 끄는 종이 3종 있 다. 날개현호색, 쇠뿔현호색, 남도현호색으로 모두 영남지방에만 자 생하는 한국특산식물이다그중 남도현호색은 경상북도 북부와 강원도에서도 발견되고 있어 영남지역 특산식물로 우기기는 어렵다

날개현호색*Corydalis alata* B.U.Oh & W.R.Lee은 2010년에 신종으로 발표

1~5 날개현호색

되었다. 인디카 회원인 이우락W.R.Lee 씨가 포항에서 처음 발견했고, 충북대학교 박사과정 연구자가 현지답사에서 채집해 2010년 가을에 식물분류학회지를 통해 발표했다. 처음 이 꽃을 보았을 때 신종이라고 깨달았기 때문에, 이 꽃에 대한 감정이 각별하다. 날개현호색은 포항과 경주에만 분포하며 주로 야산의 계곡을 따라 자란다. 꽃 양쪽에 물고기의 지느러미 같은 날개가 있어 날개현호색이라는 이름이 지어졌다. 최근 날개현호색의 변종인 흰색을 보는 행운도 누렸다.

쇠뿔현호색Coridalis cornupetala Y.H.Kim et J.H.Jeong은 신종 발표 논문의 주저자인 김영희 씨가 동네 야산에서 오래전부터 보아왔던 식물이라고 한다. 식물 공부를 하면서 기존에 명명된 종들과는 다르다는 점을 인식한 그는 대학원에 입학하여 본격적으로 쇠뿔현호색을 연구했고, 2007년에 식물분류학회지를 통해 발표했다. 꽃은 3월 중순경에 피어나 4월 중순까지 이어지며 자줏빛을 띠는 흰색이 대부분이지만 분홍색 꽃도 가끔씩 보인다. 꽃잎 위아래에 자주색 줄무늬 두 개가 선명하며, 꽃잎 선단부의 양 끝이 쇠뿔모양이어서 쇠뿔현호색이 되었다. 현호색들은 대부분 이삭잎이 원형 또는 타원형으로 끝이 갈라지거나 톱니 모양인 것과 달리 이 종은 이삭잎이 좁고 긴 피침형이며 끝이 갈라지지 않는다.

남도현호색Corydalis namdoensis B.U.Oh & J.G.Kim은 남부 지방에서 처음 발견되어 남도현호색이라는 이름이 붙은 것 같은데, 최근 강원도까

지 분포가 확인되었다. 남도현호색의 특징은 잎의 형태가 다양하고, 열매가 넓고 평평한 방추형이며, 그 속의 씨앗은 거의 2배열을 형성하고, 안쪽 꽃잎이 V 자 모양인 것이다. 중부지방에 자생하는 각시현호색이 이 종과 비슷한데, 각시현호색은 작은 잎이 타원형이거나 선형이며 바깥쪽 꽃잎이 마름모꼴이며, 씨앗이 1열로 배열하고 안쪽 꽃잎이 미약한 V 자 형인 것 등이 다르다.

1~3 남도현호색 **4~6** 쇠뿔현호색

개불알풀속 4종

열매가
개 불알을 닮았어

　　　이름에 동물의 특정 부위를 지칭하는 말이 들어간
식물이 많다. 개불알풀, 노루귀, 노루오줌, 범꼬리, 쥐꼬리망초, 쥐손
이풀 등은 동물의 특정 부위를 닮은 구석이 있어 붙여진 이름들이
다. 개불알풀속*Veronica*은 열매의 모양이 개의 불알과 닮았다고 해서
붙여진 이름이다. 겨울이라도 논두렁이나 밭두렁의 양지에는 갈색
잎을 달고 있는 개불알풀이 꿋꿋하게 버티고 있다. 두 눈 크게 뜨고
잎 사이사이를 자세히 살펴보면 코딱지만 한 분홍색 꽃이 방긋방긋
웃고 있는 모습을 볼 수 있다.

　개불알풀은 지름 5㎜ 정도 크기로 분홍색 꽃을 피우고, 큰개불
알풀은 10㎜ 정도로 청색 꽃을 피운다. 개불알풀을 봄까치꽃이라고
도 한다. 봄까지만 피고 여름이 오기 전에 서둘러 열매를 맺는다는
뜻이라는 이야기가 있다. '봄까지꽃'이 어떻게 '봄까치꽃'으로 바뀌
었는지는 알 도리가 없지만 원래는 '봄까치'였는데 '봄까지'로 잘못
기록하면서 이름이 그렇게 퍼진 것이라 생각하는 사람들이 많다.

1 개불알풀 2 개불알풀 열매 3 큰개불알풀 4 개불알풀과 큰개불알풀

그런데 청색 꽃을 피우는 큰개불알풀을 봄까치꽃으로 잘못 부르는 경우가 허다하다. 이해인 시인의 시 "봄까치꽃'도 내용을 가만히 음미해 보면 큰개불알풀을 대상으로 한 것임을 알 수 있다. 이래저래 이름이 헷갈리나 보다. 이른 봄 풀섶에 코딱지만 한 분홍색 꽃을 피우는 것은 개불알풀^{봄까치꽃}, 청색으로 좀 더 크게 꽃이 피는 것은 큰개불알풀. 잊지 말자.

　선개불알풀과 눈개불알풀도 있다. 두 종 모두 꽃의 크기는 지름이 5㎜ 정도로 아주 작고 연한 청색을 띤다. 선개불알풀은 말 그대로 줄기가 곧게 서며, 줄기 아래쪽 잎은 삼각상 난형으로 마주난다. 위쪽 잎은 약간 길쭉하고 그 끝이 둔하고 어긋나며, 양면에 선모가 있으나 줄기에는 선모가 없어 매끈하다.

　눈개불알풀은 이름 그대로 누운 듯 옆으로 뻗으면서 자라기 때문에 붙여진 이름이다. 잎은 원형에 가까우며 톱니가 3~5개 있고 줄기와 잎 앞뒷면에는 털이 많다. 꽃받침 가장자리에 긴 털이 줄지어 난 것도 특징이다.

　개불알풀을 제외한 큰개불알풀, 선개불알풀, 눈개불알풀은 모두 유럽 쪽에 고향을 둔 귀화식물이다. 그렇다고 해서 무작정 미워할 이유는 없다. 그들도 이 땅에 터를 잡고 기나긴 세월을 보냈을 터이니, 사랑스런 눈으로 그들을 보듬어 주자.

1 선개불알풀 2 눈개불알풀 3 눈개불알풀 열매 4 큰개불알풀(왼쪽)과 눈개불알풀(오른쪽)

냉이 · 말냉이 · 별꽃 · 쇠별꽃 · 광대나물 · 꽃다지
꽃마리 · 뽈냉이 · 등대풀

논두렁 밭두렁에 핀
들꽃에도 관심을

논두렁 밭두렁, 듣기만 해도 정겨운 단어들이다. 이
곳에 피어난 작은 꽃들에게도 눈길 한 번 주자. 추운 겨울을 넘기면
서 땅속에 영양분을 한껏 저장하고 있는 냉이의 도톰한 뿌리는 봄
이면 된장에 들어가 쌉쌀한 향을 남긴다. 하얀 꽃 4송이가 십자 모
양으로 피는 십자화과의 대표 식물이다. 삼각뿔 모양의 열매를 달
고 따뜻한 사과밭 모퉁이, 담장 아래에서 한겨울에도 수수하게 꽃
을 피운다. 강원도에서는 나생이라고도 부른다. 냉이보다 훨씬 더
정감 있다. 냉이된장국보다 나생이된장국이 맛깔스럽지 않은가?

냉이의 큰형 말냉이도 있다. 꽃도 잎도 열매도 냉이 것보다 크
다. 특히 말냉이 열매는 원반형으로 날개가 있으며 끝 부분이 오목
하게 들어간 부채꼴이다. 한 번 본 사람은 잊을 리 없다.

곁에 있는 별꽃도 싱그럽다. 꽃잎이 5장이지만 깊게 갈라져 있
어 10장처럼 보인다. 이 녀석은 가끔 12월에도 꽃이 핀다. 그런데 자

1 냉이 2 쇠별꽃 3 말냉이 4 말냉이와 냉이 5 별꽃

세히 관찰해 보면 봄에 피는 꽃은 상당히 큰데 반해 가을과 겨울에 피는 꽃은 봄꽃의 절반 정도 밖에 되지 않는다.

별꽃과 비슷한 쇠별꽃도 있다. 자세히 보면 둘의 차이를 알 수 있다. 암술대가 3개로 갈라지면 별꽃, 5개로 갈라지면 쇠별꽃이다. 또 꽃받침이 꽃잎보다 더 크면 별꽃, 꽃잎이 더 크면 쇠별꽃이다.

광대들의 춤사위를 떠올리게 하는 광대나물은 보통 봄에 꽃을 피우는데 춥다가 따뜻해지는 날이면 봄이 온 것으로 착각해 꽃을 피운다. 자욱이 안개비가 내리던 11월 어느 날 광대나물 꽃을 만나기도 했다.

노란색 꽃을 피우는 꽃다지. 이름이 참 정겹다. 3월의 꽃다지는 한파 눈치를 보느라 털옷을 두툼하게 입었고 꽃대도 한껏 낮추었다. 5월이 되니 온 밭이 꽃다지 천지다. 노란 양탄자를 깔아 놓은 듯한 모습. 차를 타고 국도를 따라 봉화 쪽으로 가는 도중에 환상적으로 펼쳐진 꽃다지 밭을 보고는 그냥 지나칠 수 없었다.

이름이 서로 비슷한 꽃마리와 꽃바지도 있다. 꽃마리는 꽃이 피기 전에는 돌돌 말려 있다가 꽃대가 풀어지면서 꽃이 핀다. 그래서 꽃이 말려 있다는 의미로 꽃마리^{꽃말이}라는 이름이 붙었다. 꽃마리의 사촌지간 꽃바지^{꽃받이}도 있다. 모두 꽃의 크기가 5㎜ 정도로 아주 작아 잘 관찰해야만 볼 수 있다.

뿔냉이는 뿌리 잎이 냉이처럼 생겼고 열매가 위로 휘어지면서 동물의 뿔처럼 생겨서 붙여진 이름이다. 귀화식물로 특정 지역에서

1 광대나물
2 꽃다지
3 꽃마리
4 뿔냉이
5 등대풀

는 엄청나게 큰 군락을 형성한다.

한파를 견뎌 낸 등대풀은 일반적으로 해안가 풀밭의 밭두렁, 내륙의 인가 부근에서도 많이 관찰된다. 옆에서 보면 흡사 등대를 닮았다. 등대보다는 등잔을 닮았다고 하는 이들도 있다. 이 등대풀에 대해 아주 많이 고민했던 동호인 한 분은 "등대풀은 일본말을 그대로 번역한 것으로 '등대'는 바다를 지키는 등대도 있지만 등잔을 받치는 나무로 만든 대의 의미도 있다며 등대풀을 등잔풀로 하는 것이 더 한국적인 이름이 아니겠냐."고 말하기도 했다.

꽃피는 봄이다. 한눈에 시선을 끄는 크고 화려한 꽃도 많겠지만, 논두렁 밭두렁에서 피어난 작은 들꽃에도 관심을 둬보자.

동강할미꽃 · 돌단풍

동강을 품은 꽃

　　내가 일하고 있는 학교에서는 매년 2학년 학생들이 중국으로 수학여행을 간다. 수학여행 일정에 용경협이 들어 있다. 이곳은 북경 16경 중의 하나로 수려한 경관을 자랑하는 멋진 곳이다. 이 용경협은 협곡을 막아서 배를 띄워 관광객들이 수려한 경관을 감상할 수 있도록 둑을 쌓아 만들어 놓은 것이다. 이 협곡을 따라 배를 타고 거슬러 올라가면 주변의 기암괴석과 그 틈 사이로 움을 틔운 생명의 신비가 큰 감흥을 준다. "봄에는 빙하 꽃이 만발하고 여름에는 서늘한 바람이 불어오며 가을에는 울긋불긋 물들고, 겨울에는 빙설 낙원이 된다."라고 소개한다. 즉 1년 4계절 어느 계절에 와도 멋진 풍광을 감상할 수 있다는 것이다.

　　그리고 중국의 남쪽 계림에는 이강도 있다. 이강은 풍부한 수량과 빼어난 자연 경관이 어울려 용경협과는 비교가 안 될 정도로 아름답다. 자연 그대로의 모습을 유지하면서 강에 유람선을 띄웠다. 이강에서 배를 타고 하류로 내려가면서 자연 경관을 감상하는 것이 계림 여행의 백미다. 강물이 깊은 산속을 돌아 흐르며 기암괴석과

동강할미꽃

기이한 봉우리들이 어우러져 빚어내는 산수는 '현세 속의 선경'이라고 불릴 만큼 아름답다. 용경협의 인위적인 풍광은 여기에 비할 것이 아니다.

우리나라에도 이강에 견줄만한 강이 있다. 바로 정선을 굽이쳐돌아 흐르는 동강이다. 동강의 아름다움이 모습을 드러낸 것은 그리 오래되지 않았다. 1990년대 동강에 댐을 건설한다는 계획이 발표되자, 동강의 자연 환경을 사랑하는 수많은 사람들이 동강의 생태계 파괴와 안전성 문제 등을 내세워 동강댐 건설을 반대하면서동강의 비경이 알려지기 시작했다. 이후 '동강은 흘러야만 한다'는인식이 확산되었고, 2000년에 동강댐 건설이 백지화되기에 이르렀다. 이 동강댐 건설 반대에 일조한 것 중 하나가 동강할미꽃이었다. 만약 댐이 건설되었다면 동강 주변의 생태계는 초토화되었을 것이고, 동강할미꽃을 비롯해 철마다 피어나는 아름다운 꽃들은 사라졌을 것이다.

동강을 대표하는 봄꽃이 동강할미꽃과 돌단풍이다. 매년 4월이면 정선 주변 동강에서 동강할미꽃 축제까지 열려 정선과 동강을대표하는 식물이 되었다. 동강할미꽃의 출중한 미모를 한 번 본 사람이라면 매년 찾아오게 할 정도이니 그 위력이 대단하다. 무심하게 흐르던 강물도 동강할미꽃의 미모에 반해 잠시 회오리치며 멈추었다 다시 흐르는 듯하다.

꽃 색도 보라색, 회색, 분홍색에 이르기까지 다양하다. 동강할미

© 백대순

1~2 동강할미꽃 3 할미꽃 4 돌단풍

꽃은 꽃이 피었을 때는 자신의 빼어난 미모를 자랑하듯 꽃대를 들고 있지만 꽃이 지고 나면 고개를 숙인다. 할미꽃은 그 반대로 꽃이 피었을 때는 다소곳하게 고개를 숙이지만 꽃이 지고 백발이 성성하면 고개를 든다.

동강의 절벽을 품은 또 하나의 식물로 돌단풍이 있다. 물론 돌단풍은 전국의 계곡 주변에서 흔히 볼 수 있으나 동강의 절벽 틈에서 삐죽이 꽃대를 올린 모습은 동강할미꽃의 아름다움과 견줄만하다. 꽃봉오리일 때는 분홍색을 띠지만 꽃이 피면 분홍색은 사라지고 자잘한 흰 꽃이 아름답게 핀다. 돌 틈 사이사이로 작은 공간만 있으면 끝없이 퍼져 나간다.

억겁의 세월을 거쳐 오면서 동강의 물줄기는 절벽을 만들었고, 식물은 그런 환경에 적응해 왔다. 수몰 위기도 넘겼던 것처럼 오래오래 그 모습을 지켜가길 바란다.

병아리꽃나무 · 모감주나무

병아리처럼 어린 꽃,
황금색 꽃비를 내리는 꽃

병아리꽃나무? 이렇게 이름이 예쁜 나무가 있었네. 그러면 꽃은 어떻게 생겼지? 어느 부분이 병아리를 닮았을까? 이름 때문에 참 많은 궁금증을 자아내게 했던 나무다.

포항에서 구룡포로 가는 해안도로 옆에 발산리라는 마을이 있다. 마을에는 나지막하지만 가파른 절벽이 인접해 있으며, 그 절벽과 도로변에 병아리꽃나무와 모감주나무 군락지가 이웃해 있다. 바로 천연기념물 371호로 지정 · 보호하고 있는 군락지다.

병아리꽃나무는 봄이 무르익어 산천이 완전히 초록으로 물들고 각종 나무 꽃들도 절정을 이루는 시기인 4월 말에서 5월 초에 새로운 가지 끝에서 하얀색 꽃을 피운다. 꽃잎은 4장이고 둥글며 살짝만 건드려도 생채기가 날 정도로 여리고 부드럽다. 그렇다, 꽃잎이 갓 깨어난 병아리마냥 연약해 그런 이름이 붙은 것이다.

잎은 마주나며, 긴 달걀형이고 뾰족한 겹톱니가 있다. 잎 표면에는 주름이 많아 쭈글쭈글하다. 열매는 타원형으로 4개씩 달리며 9

1~2 병아리꽃나무

월에 검은색으로 익는다. 윤기가 날 정도로 반질반질해 흑진주 브로치 같은 느낌이다. 병아리꽃나무는 장미과이며, 장미과의 특징은 보통 꽃잎이 5장인 것인데, 꽃잎이 4장이어서 다른 속으로 분류되어 있다.

병아리꽃나무의 꽃이 지고 열매를 맺기 시작할 즈음에 발산리 해안가에는 모감주나무가 꽃을 피우기 시작한다. 모감주나무의 꽃 하나하나는 황금색에 붉은색을 띠는 작은 꽃이지만 가지 끝에서 30㎝ 정도 원뿔모양꽃차례로 피어나기 때문에 아주 풍성한 느낌이다. 영명이 골든레인 트리goldenrain tree, 즉 황금비나무다. 너무나 멋지고 낭만적인 이름이다. 노란 꽃이 바람에 흩날리며 떨어지는 모습을 보고 '황금비가 내린다.'고 표현했다니 대단한 감성이다. 7월 초가 되면 발산리 해안가 야산은 온통 황금색으로 물들고, 해풍을 맞은 모감주나무는 황금색 꽃비를 뿌린다.

꽃이 진 뒤 꽈리처럼 생긴 열매가 가지 끝에 주렁주렁 달린다. 열매는 익으면 3갈래로 갈라지고 그 속에 검은색 씨앗이 3개 들어 있다. 이 씨앗이 스님이 사용하는 고급 염주를 만드는데 이용되기 때문에 염주나무라고도 한다.

병아리꽃나무와 모감주나무는 꽃도 아름답고 열매도 특이해 관상가치가 높아 가로수나 정원수로도 인기가 높아지고 있다. 많은 사람들이 병아리처럼 여린 꽃잎도 알아보고, 흩뿌리는 황금비도 맞아보길 바란다.

1~2 모감주나무

자주잎제비꽃 · 남산제비꽃 · 화엄제비꽃
제비꽃 연가 1

꽃 관찰을 즐기는 사람들 중에서도 식물의 특정 과[科] 만을 전문적으로 파고드는 사람들이 있다. 꽃이 피었는지 열매가 맺혔는지 구분도 잘 안 되는 사초과를 파고드는 사람, 포자로 번식하는 양치식물을 파고드는 사람들을 보면 존경스럽다. 얼마나 많은 시간과 노력을 투자해야 되는지 잘 알고 있어 선뜻 관심 갖기가 부담스럽다. 제비꽃도 그렇다. 60여 종이나 되는 제비꽃을 분석해 구별하기가 그리 호락호락하지 않다. 물론 쉽게 만날 수 없는 종들도 있다.

화엄제비꽃은 전라남도 구례 화엄사에서 처음 발견되었는데, 제비꽃을 전문으로 공부하는 사람들의 이야기를 들어보면 화엄사 주변에서는 찾아볼 수 없다고 하며, 최근 진도에서 인디카 회원인 김봉석 씨가 다시 발견해 세상 빛을 보게 되었다. 나도 이 제비꽃의 실체가 궁금해 2012년 4월에 찾아가 실체를 확인했다.

자주잎제비꽃과 남산제비꽃이 있는 곳에 화엄제비꽃이 섞여 있었다. 잎의 갈라짐도 그렇고, 잎 아랫면의 색깔이며 꽃 색까지, 자주잎제비꽃과 남산제비꽃의 특징을 반반씩 닮은 것을 보면 두 종의 교잡종이라는 사실도 금방 알 수 있다. 자주잎제비꽃은 분홍색 꽃이 피고 잎 윗면은 반들반들 윤채가 나며 잎 아랫면은 진한 자주색이다. 남산제비꽃은 잎이 가늘게 갈라지고 잎 아랫면은 연한 초록색이고 꽃은 흰색이다. 화엄제비꽃은 잎이 두 식물의 중간 정도로 갈라지고, 잎 아랫면은 자주색을 띠긴 하는데 옅으며, 꽃은 분홍색과 흰색의 중간 정도로 옅다.

화엄제비꽃 자생지에는 긴잎제비꽃도 함께 있었다. 긴잎제비꽃은 줄기잎이 두 가지 형태다. 아래쪽 줄기잎은 난상 심장형인데 반해 윗부분은 피침형 또는 좁은 난상 삼각형이다. 가늘어 보이는 위쪽 줄기잎은 꽃이 지고 난 뒤에 아주 길게 자라며, 그 특징으로 긴잎제비꽃이라는 이름을 얻었다. 꽃도 좀 특이하다. 연한 보라색 꽃잎의 안쪽은 흰색이고, 암술대의 끝 부분이 흰색으로 뾰족하다.

남산제비꽃은 잎이 가는 것과 그렇지 않은 것이 있다. 우리나라에서는 이것을 하나로 보지만 이웃나라에서는 둘을 구별하고 있다. 긴잎제비꽃이 자생하는 곳에 남산제비꽃, 자주잎제비꽃, 화엄제비꽃이 함께 자라고 있던데 이 긴잎제비꽃과 남산제비꽃과 만나면 또 어떤 모습이 탄생할지도 궁금하다.

1~2 자주잎제비꽃 3~4 남산제비꽃 5~6 화엄제비꽃 7~8 긴잎제비꽃 9 화엄제비꽃(왼쪽)과 자주잎제비꽃(오른쪽)

왕제비꽃 · 선제비꽃 · 졸방제비꽃

제비꽃 연가 2

이름에 '제비'란 말이 들어간 식물이 제법 있다. 그만큼 우리의 생활과 밀접한 관계를 형성한 동물이 제비다. 제비꽃도 제비와 아주 밀접한 관계를 형성해 온 식물이라는 것을 여기저기서 확인할 수 있다. 제비를 생각하면 날렵하다는 것과 처마 밑에 집을 짓는 모습이 떠오른다. 강남 갔던 제비가 봄을 맞아 돌아올 때에 이 제비꽃도 피어난다. 이른 봄 소달구지가 지나다니던 시골의 길가나 논둑 밭둑에 피어나 친구처럼 정겨운 꽃이 제비꽃이다.

4~5월 제비꽃이 무리지어 피어난 곳을 보면 오랑캐가 대군을 이끌고 쳐들어와 우리 땅을 초토화시키는 모습이 연상되어 오랑캐꽃이라고도 한단다. 피어 있는 모습이 앉은뱅이와 비슷하다고 해서 앉은뱅이꽃으로도 불린다.

왕제비꽃과 선제비꽃은 모두 멸종위기종으로 지정되어 있는 아주 귀한 식물이어서 만나기도 쉽지 않았다. 여기저기 수소문해 한 종은 중북부 지방에, 다른 한 종은 경상남도에 자생하고 있다는 사실을 알았다. 특히 왕제비꽃 자생지는 포항에서는 차로 3시간 반 정

1~2 왕제비꽃

도 달려가야 볼 수 있는 곳이었다. 한 번도 보지 못한 노랑미치광이 풀도 그곳에 자생하고 있다고 해 5월 초에는 노랑미치광이풀을 보러, 5월 말에는 왕제비꽃을 보러 갔다 왔다. 꽃 하나를 보려고 왕복 7시간을 오간다는 이야기를 하면 미친 짓이라 할 것 같지만, 그 보람은 충분했다.

왕제비꽃을 보니 가히 '왕' 자를 붙여 대우해 줄 만했다. 보통 제비꽃들은 키가 나지막해 땅바닥에 착 달라붙어 자라는 게 대부분인데 반해 이 왕제비꽃은 당당하게 하늘을 향해 쭉쭉 뻗어 올라가 꽃을 피운다. 키도 보통 40㎝ 이상으로 크게 자라고 잎도 길쭉하며, 잎의 끝 부분으로 갈수록 날렵해 아주 멋지다.

졸방제비꽃은 주변 야산 어디서든지 흔히 볼 수 있으며, 꽃 모양은 왕제비꽃과 똑같은데 잎 모양이 많이 다르다. 왕제비꽃은 잎 가장자리의 톱니가 졸방제비꽃보다 더 강하게 발달하고 잎이 더 길쭉하며 잎의 기부가 왕제비꽃은 쐐기꼴인데 반해 졸방제비꽃은 심장형이다. 직접 보면 식물체의 크기도 확연하게 차이가 난다. 산하를 꿋꿋하게 지켜나가는 졸방제비꽃에서 서민의 수수함이 묻어나고, 왕제비꽃에서는 당당한 군주의 기품이 풍겨난다.

선제비꽃도 멸종위기종으로 갈대가 있는 강 주변에 자생한다. 왕제비꽃은 키가 커도 줄기가 튼튼해 곧게 서 있지만, 선제비꽃은 큰 키에 비해 줄기가 허약해 똑바로 서 있기가 어렵다. 그러니 선제비꽃이 마른 갈대숲을 생육지로 정한 지혜에 놀라지 않을 수 없다.

1~2 선제비꽃

5~6월은 마른 갈대만 있는 시기라 영양분을 갈대에게 빼앗길 염려도 없고, 키가 큰 갈대에 의지해 자신의 키도 마음껏 키울 수 있다. 또 키가 커서 줄기가 부실해도 지탱해 주는 단단한 갈대가 옆에 있으니 쓰러질 염려도 없다.

제비꽃 종류들은 꽃잎이 기본적으로 다섯 장이고, 꿀샘이 있는 꿀주머니가 있으며, 잎의 형태가 다양하고 입자루와 꽃자루의 털의 유무, 그리고 암술머리의 형태, 꽃잎의 색깔, 줄기에서 꽃대가 나오는 경우와 뿌리에서 바로 꽃대를 올리는 경우 등이 제비꽃 구별에 중요한 요소들이다.

그리고 꽃잎 아래쪽에 줄무늬가 있는 것도 특징이다. 이것을 허니가이드honey guide라고 부르며 꿀로 안내하는 길 정도로 해석하면 된다. 곤충蟲이 꽃잎에 앉은 뒤 꿀을 얻기 위해 허니가이드를 따라 들어가 머리를 안으로 밀면 암술머리를 지나서 꽃가루가 있고, 이 꽃가루를 지나서 꿀샘에 꿀이 있어 꽃가루가 벌의 머리에 붙게 된다. 다른 제비꽃으로 이동해 똑같은 과정을 반복하면서 식물은 아주 자연스럽게 수정이라는 목표를 달성하게 된다.

최소한으로 달콤한 꿀을 만들어 자신을 찾아오는 동물에게 제공하면서 에너지는 거의 소비하지 않고 자신의 목표를 달성한다는 사실을 생각하면 그저 놀라울 따름이다. 자신의 생존과 번식을 위해 에너지 소비를 최소화하는 식물이야말로 최종 소비자인 인간보다도 더 위대한 생물 집단이 아닐까?

1 졸방제비꽃 2 노랑미치광이풀

흰털제비꽃 · 민흰털제비꽃(가칭)

제비꽃 연가 3

흔한 것 같지만 보기가 만만찮은 제비꽃이 흰털제비꽃이다. 잎이 밑동에서 모여나며 삼각상 달걀 모양이고 가장자리에 물결모양 톱니가 있다. 잎 아랫면 맥 위에도 털이 있으며, 잎자루와 꽃자루에도 보송보송 흰 털이 많이 나 있다. 꽃은 연한 홍자색으로 피어나고 옆꽃잎 안쪽에도 털이 밀생한다.

보통 제비꽃을 구별할 때 "옆꽃잎에 털이 있거나 없다."로 정의하는데, 흰털제비꽃만큼은 옆꽃잎에 털이 있다고 되어 있다. 즉 흰털제비꽃은 모든 개체에서 옆꽃잎에 털이 있어서 그렇게 했다고 볼 수 있다. 광릉제비꽃이라는 이명도 있는데, 경기도 광릉에서 처음 발견되어 광릉제비꽃으로 불리다가 흰털제비꽃과 같은 종으로 판명되어 흰털제비꽃으로 통합되었다.

흰털제비꽃 중에 옆꽃잎에 털이 없는 개체를 2009년도에 발견해 제비꽃을 전문으로 연구하는 강원대학교에 의뢰한 상태이며, 옆꽃잎에 털이 없다는 의미의 '민' 자를 넣어 '민흰털제비꽃'이라는 이름으로 발표될 예정이다.

1 흰털제비꽃 2~4 민흰털제비꽃(가칭)

95

2009년도 5월이었다. 대구 팔공산에서 영남지역 인디카 동호회원 모임이 있었다. 대구와 부산지역 회원들이 먼저 와 있었다. 비는 시간에 무얼 할까 고민하던 차에 산내들이라는 아이디를 쓰는 홍순대 씨가 산 모퉁이를 돌아가면 동의나물 꽃이 피어 있을 거라 해서 잠시 다녀오기로 했다. 그곳에는 흰털제비꽃이 많았는데, 자세히 보니 옆꽃잎에 털이 없지 않는가? 집에 돌아와서 도감과 각종 자료들을 뒤적여 봐도 모두 흰털제비꽃은 옆꽃잎에 털이 있다고 한다.

그 다음 주에 다시 가서 주변 산을 다 뒤졌는데 유독 그 산비탈에만 털 없는 개체들이 군락을 이루고 있다는 사실을 알게 되었다. 한 곳에 자생하는 흰털제비꽃 모두가 옆꽃잎에 털이 없다는 이야기는 그 지역 환경에 적응해 수많은 세월을 살아왔다는 증거가 된다. 그 이후 정체를 알아보려 노력하다가 제비꽃을 전문으로 연구하는 강원대학교에 연락하니 한 번 확인해 보고 싶다고 했으며, 2009년 5월 말에 현장을 안내해 주었고 자료를 채집해 가서 지금에 이르게 되었다.

이렇게 새로운 식물 종^{변종, 품종 등}의 발견은 우연한 기회에 찾아온다. 하나의 식물을 보더라도 세밀하게 관찰하는 습성이 몸에 배면, 어딘가 다른 구석이 있다면 금방 눈에 띄게 되고, 그것이 보편적인 범위에 포함되는 차이인지, 새로운 것인지는 계속 탐구해 보고 결론을 내리면 된다.

섬노루귀 · 큰연령초 · 섬남성 · 큰두루미꽃
헐떡이풀 · 주름제비란

그리운 울릉도

몇 해 전 울릉도 식물을 섭렵해보자고 다짐했던 적이 있었는데, 그게 쉬운 일이 아니었다. 3월부터 한 달에 한 번씩만이라도 울릉도에 들어가면 철따라 꽃피는 식물을 살필 수 있을 텐데, 방학이 아니면 주말의 1박 2일이 고작이니, 늘 시간이 문제였다.

나리분지와 성인봉 등반길에서 산꽃도 보고, 도동에서 도동 등대로 이어지는 길과 추산을 걸으면서 바닷가 식물을 마음껏 보고싶지만 하루 일정으로는 짧은 코스를 정해 서둘러 둘러보고, 나오는 배를 타야한다. 그래도 내가 사는 곳이 울릉도행 배가 뜨는 포항이라 다행이다.

울릉도 식물탐사는 나리분지와 성인봉을 빼고는 이야기할 수 없다. 특히 나리분지는 각종 식물의 보고로 철따라 다양한 꽃을 볼 수 있는 곳이기도 하다. 울릉도에 가면 특별한 경우가 아니면 늘 나리분지에서 1박 하고 다음 날 이른 시간부터 탐사를 시작한다.

4월, 이른 아침. 나리분지에서부터 산행을 시작했다. 나리분지의 원시림은 낙엽 이불 뒤집어 쓴 생명체들의 용트림으로 분주한 아침을 맞이하고, 햇살이 나뭇가지 사이로 하얀 빛 길을 만들 때 이슬 맺힌 영롱한 잎들이 반짝반짝 빛을 발한다. 흰색, 연분홍색 섬노루귀 꽃잎도 햇살을 머금고 화사하게 피어나 멋진 하루를 시작한다.

원시림 속으로 천천히 발길을 옮기니 여기저기서 예쁘게 치장한 섬노루귀들이 서로 자기 쪽으로 오라고 손짓한다. 그 유혹에 이끌려 한참을 머물렀다. 세 갈래로 갈라진 잎은 뿌리에서 올라와 돌돌 말리고, 잎 아랫면에 보송보송 솜털이불을 뒤집어쓰고 있다. 꽃받침 바깥쪽에도 하얗고 긴 털이 보송보송 많이도 달렸다. 꽃자루에도 입자루에도 온통 털이다. 봄이어도 아직 춥기만 한 울릉도 숲속에서 자라니 그렇게 털도 많고 잎도 돌돌 말렸나 보다. 때 묻지 않은 순백의 모습에 넋을 놓는다. 어찌 이리 아름다울까! 겨우내 그리움을 가슴 깊이 간직하면 이렇듯 아름답게 피어날까!

울릉도에만 자생하는 큰연령초도 자태를 뽐내고 있다. 커다란 잎 3장이 줄기를 감싸고, 잎, 꽃받침, 꽃잎도 3장씩이다. 그래서 3.3.3법칙이 성립되는 식물이다. 꽃대 하나에 꽃이 한 송이만 피며 꽃에 비해 잎이 무척 크다. 내륙에 자생하는 연령초는 씨방이 흰색인데, 이곳 큰연령초는 검은색이다. 고도 400m 정도인 나리분지에서 성인봉 정상까지 내내 이어지는 원시림 바닥에는 섬노루귀와 산마늘^{명이나물}, 큰두루미꽃, 큰연령초 등이 지천이다.

연령초 이름에 대해 잠깐 생각해보았다. 생물학에서의 정식 이

1~3 섬노루귀

름은 연영초, 큰연영초다. 국어학적으로 본다면 연령초, 큰연령초라 하는 것이 맞다. 국문학자인 이익섭 교수는 늘 연영초, 큰연영초라는 이름에 불만이 많다. 연영초는 비뇨기과를 '비요기과'로 쓰는 것과 같고, 이뇨제를 '이요제'라고 쓰는 것과 마찬가지이니, 꽃 이름도 연령초, 큰연령초라고 쓰는 것이 좋지 않겠느냐고 말한다. 내 생각도 마찬가지다. 이미 정해진 이름이라도 어법상 맞지 않는다면 바로잡는 과정도 필요해 보인다.

섬남성은 천남성과 식물이다. '천남성'이라는 이름은 2월의 남쪽 하늘에 잠시 나타났다가 사라지는 아주 아름다운 별에서 유래되었다는 설이 있다. 아마 저 붉은 열매를 보면 하늘의 별이 연상되어 천남성이라는 이름을 짓지 않았나 생각된다. 천남성은 한약의 재료로 사용되어 종창이나 반신불수, 간질병, 소아의 경기 등을 고치는 데 중요한 약으로 사용되었다 하고, 또 반대로 사람을 죽이는 독약으로 사용되었던 식물이기도 하니 두 얼굴을 가진 식물이다.

섬남성은 울릉도에만 자생하는 한국특산식물이다. 잎이 2장이고, 소엽이 6~18개이며, 대부분 잎 가운데 흰색 무늬가 있는 것이 특징이다. 그런데 흰 무늬가 없는 것도 간혹 보인다. 같은 지역에 살면서 무늬가 없다면 기본종의 변종 내지 품종으로 취급할 수 있겠지만 최근에 들어와서 변종이나 품종으로 나누는 것을 지양하는 경향이 있어서 특별한 경우가 아니면 그냥 기본종에 포함시키는 것이 일반적이다. 그래서 이 섬남성을 설명할 때 "잎 가운데 무늬가 있거

1~3 큰연령초 **4~6** 섬남성

나 없다"는 식으로 표현하는 것이 좋겠다.

몸가짐이 꼿꼿하고 긴 창 모자를 눌러 쓴 멋진 남성을 떠오르게 하는 섬남성은 초록의 싱그러운 잎들과 함께 5~6월의 나리분지를 아름답게 수놓는다. 7월에 접어들면 잎의 흰 무늬는 탈색되기 시작하고, 초록색 열매가 맺히나 싶다가 순식간에 붉은 열매로 변한다. 붉은 열매는 자신이 얼마나 많은 독을 가지고 있는지 아는지 모르는지 탐스럽게 익어간다.

5월에도 짧은 일정으로 울릉도를 찾았다. 4월에 봤던 큰연령초는 이미 열매를 맺기 시작했고, 잎만 무성하던 큰두루미꽃도 꽃을 피웠다. 5월 나리분지의 우점종은 단연 큰두루미꽃이다.

큰두루미꽃은 육지에 자생하는 두루미꽃에 비해 꽃도 훨씬 많이 달리고, 잎도 더 넓다. 그런데 국가생물종지식정보시스템www.nature.go.kr에 들어가 보면 두루미꽃이 꽃을 더 많이 피우는 것으로 설명되어 있다. 잎의 형태와 크기 그리고 줄기에 대한 설명은 현장의 식물과 일치하는데, 꽃에 대한 설명은 일치하지는 않는다. 즉, 두루미꽃은 꽃이 10여 개 달리고, 큰두루미꽃이 20여 개가 달리는데 이와 반대로 설명되어 있다.

조금 올라가니 큰두루미꽃 사이로 꽃도 꽃 같지 않은 것이 요상하게 피어 있다. 꽃대 아래쪽에는 이미 열매가 맺히고 위쪽에만 꽃이 조금 남아 있다. 헐떡이풀이다. 이름이 참 우스꽝스럽다. 헐떡이풀이라니. 꽃도 너무나 작아서 꽃인지 아닌지 구분이 안 될 정도다.

이 꽃도 우리나라에서는 울릉도에서만 볼 수 있으며 일본, 중국에도 분포한다. 한 번 보이니 여기도 혈떡이풀, 저기도 혈떡이풀, 정신없이 이곳저곳을 다니면서 카메라 속으로 영상을 차곡차곡 저장한다.

평탄한 길은 끝나고 본격적으로 산행이 시작된다. 주능선까지 가파른 길의 연속이다. 절로 혈떡거리고, 온 몸이 땀범벅이다. 그렇게 혈떡거리면서 주능선에 다다를 즈음, 또 다른 혈떡이풀이 방긋방긋 눈인사 건네 온다. 가파른 길을 따라 여기까지 혈떡이며 오느라 고생했다며 반갑게 손짓한다. 그래서 혈떡거리는 숨을 잠시 고르면서 다시 이 꽃과 눈 맞춤 했다. 정상 주변에서도 혈떡이풀이 제법 보인다. 성인봉 정상에 오르니 탁 트인 동서남북이 마음을 아주 상쾌하게 한다. 저 멀리 산행을 시작했던 나리분지도 보이고, 우뚝 솟은 송곳봉과 노인봉도 한 눈에 들어온다. 산 능선을 감싸는 운무가 발 아래에 펼쳐지니 신선이 된 느낌이다. 하얀 물보라를 날리면서 여객선도 오간다. 도동을 떠나는 독도행 배도 뱃고동을 울린다.

멋진 풍광에 흠씬 취해 있다가 시간을 보니 서둘러 하산할 시간. 늦어도 2시까지는 도동에 도착해야 한다. 포항으로 돌아가는 배편이 3시에 있으니, 이제는 혈떡거리며 빠른 속도로 내려가야 한다. 혈떡이풀을 탐사하는 날은 정말 혈떡거림의 연속이다.

왜 혈떡이풀일까? 간헐적으로 숨이 가쁘고 혈떡거리며 기침을 하는 증상이 기관지천식이다. 이 풀이 기관지천식에 특효라 해 혈떡이풀이라는 이름이 지어졌다. 이 풀을 채취해 말려서 달여 먹거

1 큰두루미꽃 **2~3** 헐떡이풀

나 술로 담가 먹으면 기관지천식에 효과가 있긴 한 모양이다. 천식약풀, 헐떡이약풀이라는 또 다른 이름도 있는 것을 보면 말이다.

주름제비란도 우리나라에서는 울릉도에서만 피어나는 아주 희귀한 꽃 중의 하나다. 주름제비란은 북방계 식물로 중국과 러시아에는 많이 분포한다. 주름제비란은 다른 풀들과 대비될 정도로 키가 커서 나리분지에서 성인봉 방향으로 난 큰 길을 따라 걸어가면서 좌우를 살피면 특별히 노력하지 않아도 나 여기 있다고 신호를 보낸다. 꽃 하나하나를 자세히 보면 날고 있는 제비를 닮았고 잎 가장자리는 쭈글쭈글 주름져 있다. 그래서 주름제비란이라는 이름을 얻었다. 제비 형상을 한 꽃들이 꽃차례 끝 부분에 총상으로 수 없이 많이 달려 있다. 오밀조밀하게 매달려 있는 모습이 수수하면서도 아름답다.

주름제비란의 학명*Gymnadenia camtschatica*의 종소명*camtschatica*을 보면 러시아 극동부지역 캄차카*kamchatka* 반도에서 처음 발견되었다는 것을 알 수 있다. 러시아에 살던 제비가 동해를 따라 남쪽으로 이동해 가던 중에 울릉도를 지나게 되었다. 거느린 식솔도 많고 먼 곳에서 날아와 날개 근육도 아프고 해 잠시 쉬어가려는데, 하늘에서 내려다보니 우뚝 솟은 봉우리와 평평한 분지가 쉬어가기에 안성맞춤이었다. 내려앉은 나리분지와 성인봉의 원시림이 참으로 좋아 그대로 정착해 살다가 식물로 변해 주름제비란이 되었다는 전설이 있다.

나는 지대에 따라 달리는 꽃송이 수도 다르고 꽃의 색도 조금씩

달랐다. 나리분지의 것보다 성인봉 정상 주변 것의 꽃이 좀 더 진한 분홍을 띠고 있다.

1~3 주름제비란

금난초

빛 내림에 꽃잎을 연
황금색 귀부인

봄기운이 사라지기도 전에 숲은 여름을 향해 부지런히 달려가고 있다. 강한 햇살이 큰키나무^{교목} 사이로 여러 갈래의 빛 길을 만들어서 키 작은 생명체들에게도 빛 은혜를 베풀고 있다. 그 빛으로 땅 위 작은 생명체들은 부지런히 초록 잎과 줄기를 키운다.

꽃 색은 그 식물 고유의 특징과 분위기를 만들어 낸다. 흰색 꽃은 깨끗하고 순결한 느낌을 주며, 보라색은 정열적인 느낌이며, 분홍색은 홍조를 띤 여인의 얼굴을 떠오르게 한다. 노랑 계열은 황금과 색이 비슷하니 부유하고 푸짐한 느낌으로 다가온다. 특히 난초 종류의 황금색 꽃을 보면 어찌 좀 부자가 된 느낌이다.

금새우난초와 금난초가 황금색이다. 금새우난초는 꽃도 크고 관상가치가 높아 수난의 대상이 되고 있는 대표적인 식물 중의 하나다. 2005년 제주도 탐사 때 딱 한 번 금새우난초를 본 적이 있지만 어찌하다 보니 사진이 남아 있지 않다. 금난초는 금새우난초보다는 좀 왜소하지만 그래도 한 미모 한다. 금새우난초는 제주도나 울릉

1~3 금난초

도 등 도서지방으로 가야만 볼 수 있는 꽃이지만 금난초는 경상북도에서도 가끔씩 보이는 꽃이어서 우연히 만날 때가 있는데, 그날은 황금을 얻은 것만큼이나 부자가 된 느낌이다. 2006년 이후 매년 5월, 산행할 때마다 금난초가 눈에 들어온다. 관심을 가지니 녀석이 내게로 다가온 듯한 느낌이다.

금난초는 그리 높지 않은 산 부식질 토양에 잘 자라는 낙엽성 지생종地生種 여러해살이풀이다. 꽃이 하늘을 향하고, 빛이 강한 날 꽃잎을 반만 펼친 듯 핀다. 순판의 붉은 색은 또 다른 매력이다. 하늘을 쳐다보면서 꽃 핀 모습이 도도하기 짝이 없다. 꽃은 이삭꽃차례에 1~16송이가 핀다. 아름다운 자태와 더불어 은은한 향도 일품이다. 금난초가 자라는 곳이 소나무가 우거진 숲속이고 5월에 꽃을 피우다 보니 넓은 잎에는 늘 송홧가루가 쌓여 있다. 이리저리 살피며 사진을 찍다보면 어느덧 내 얼굴에도 땀과 송홧가루가 범벅이 된다.

금난초가 피는 나의 꽃밭에는 은난초, 은대난초, 민은난초, 꼬마은난초도 함께 피어난다. 특히 꼬마은난초는 아주 희귀한 식물로, 제주도나 남해 도서지방의 일부에서만 자생하는 것으로 알고 있었는데, 포항 인근 지역에서 군락으로 피어난다는 것 자체가 신비로운 일이다.

은난초 · 은대난초 · 민은난초 · 꼬마은난초 · 김의난초

은대난초속
식물 5종

금난초와 비슷한 시기와 장소에서 피어나는 난초들이 있다. 은난초, 은대난초, 민은난초, 꼬마은난초, 김의난초 등 은대난초속*Cephalanthera* 식물로, 그 중에서도 은난초, 은대난초, 민은난초가 가장 흔히 보인다. 최근에 꼬마은난초와 김의난초를 경상북도에서 많은 개체를 발견해 흥분한 적이 있다.

은난초는 꽃이 피었을 때의 모습이 금난초보다는 작지만 오동통하고 귀엽게 생겼다. 통통한 작은 참새들이 입을 조금만 벌리고 줄기 끝에 옹기종기 모여서 숲속 반상회를 하는 모습 같다. 툭 튀어나온 작은 꼬리^{꿀주머니, 거}를 배 아래쪽에 감추고 고개를 들고 하늘을 쳐다보는 모습이 귀엽다. 주변을 돌아보니 또 다른 개체들은 잠에서 깨어나 기지개를 켜면서 두리번두리번 세상 구경을 하고 있다. 나는 가만히 앉아 그들의 얘기에 귀를 기울인다.

"오늘은 옆에 누런색 은대난초도 피었구나. 너는 회백은대난초라는 은대난초의 품종으로 불리던데 그 이름 마음에 드니?"

은대난초가 못마땅한 듯 대꾸한다.

"아, 그건 인간들이 만들어 낸 거잖아. 내 얼굴이 좀 누릿하다고 해서 이름 앞에 그런 말을 붙이는 건 너무 하잖아?"

"그래 뽀얀 내 피부만은 못하지만 뭐 나름 개성 있게 생겼어. 잎도 대나무 잎처럼 길게 늘어져 나름 특징적이네."

"어, 옆에 민은난초도 있었네. 안녕, 민은난초야. 넌 꽃도 별로 안 달고 어찌 힘이 좀 없어 보인다. 우리처럼 꼬리도 없으니 네 모습이 좀 밋밋해 보여."

"그래, 사람들에게는 저 꼬랑지 같은 구조물이 있으면 이상하게 쳐다볼 텐데 우리 식물에게는 꼬리지가 있어야 멋있게 보이나 봐. 곤충들도 우리를 차별대우하는 것 같아. 꼬리가 있는 것에는 곤충들도 잘 찾아와 번식률도 훨씬 높아 대 군락을 만드는 경우가 많은데, 우리는 은난초가 많은 곳에 작은 터를 마련해 빌붙어 사는 그야말로 천대받는 존재야."

"내가 괜한 말을 해서 민은난초 마음을 상하게 했네. 꼬리가 없는 것도 나름 특징이지. 너무 섭섭하게 생각하지 마."

은난초는 계속해 주변을 두리번거리며 꼬맹이 같은 꽃 하나를 또 발견했다.

"어, 너도 우리와 같은 동족이니?"

"참 나, 키 작다고 무시하니? 예쁘기로 따지자면 나를 따를 자 없지. 흥!"

1 은난초 2 민은난초 3 은대난초 4 꼬마은난초 5 김의난초 6 은대난초(거가 없음)

꼬마은난초는 키가 5~15㎝로 줄기에 잎이 1~2장 붙으며, 꽃은 1~6송이가 피고, 꽃이 피다만 듯 꽃잎이 반만 열린다. 그리고 꿀주머니는 꽃잎 밖으로 살짝 드러나 보인다.

김의난초는 삼척의 어느 김 씨 묘에서 처음 발견되었다고 해 김의난초라는 이름을 얻었다. 동해안을 따라 올라가면서 바닷가 솔밭에 가끔씩 보이는 난초로 삼척과 강릉 근처에는 제법 자생하는데 다른 지역에서는 잘 볼 수 없다. 그런데 경북의 주택가 주변 야산에서 김의난초 군락을 발견했다.

4월에 자주 가던 곳을 우연히 5월에 갔더니 김의난초가 화려하게 피어 있었다. 생각지도 못한 곳에서 군락을 발견하고는 주기적으로 관찰하기로 마음먹고, 2주 뒤 씨방은 어떻게 생겼을까 궁금해 다시 찾아갔더니, 누군가 모두 캐어가 흔적도 없이 사라졌다.

자주 가는 곳에서 아끼던 꽃이 하나 둘 사라지는 걸 겪을 때마다 비통한 마음이 절로 든다. 야생의 꽃은 그 꽃이 자생하는 곳이 가장 살기 좋은 곳이다. 재배 전문가가 집에 가져가더라도 2년 내에 90% 이상 죽는다. 한 순간의 욕심이 그 식물에게 돌이킬 수 없는 사망선고를 내린 꼴이다. 이처럼 속상한 일을 여러 번 겪어 단련되었다 생각했는데도 김의난초가 사라진 것이 너무 아쉬워 해마다 5월이 되면 다시 그곳을 기웃거리고는 한다.

은난초 꽃에는 꿀주머니[거, 距]가 있다. 은난초와 똑같이 생겼으면서 꿀주머니가 없으면 민은난초가 된다. 그런데 은대난초와 똑같은데 꿀주머니가 없다면 민은대난초라고 해야 하지 않을까? 2012년 5월, 은대난초이긴 한데 꿀주머니가 없는 식물을 발견하고는 은대난초에도 꿀주머니가 없을 수 있는지 궁금해 난을 전문으로 연구하는 분에게 문의했더니, 상당히 관심 있어 했다. 자료를 보내어 유전자 분석까지 해 본 결과 신변종이 될 수 없다는 결론을 얻었다. 식물이 신종 내지 신변종이 되려면 외형적으로도 차이가 나는 것은 물론 유전자를 분석했을 때 기존의 종과 유전적 차이도 나야 하며, 외형적으로는 차이가 있지만 유전적으로 기본종과 똑같은 경우도 있는데 이런 경우는 신종 내지 신변종이 될 수 없는 경우에 해당된다는 이야기를 들었다. 은난초에 꿀주머니가 없는 것이 민은난초가 될 수 있었던 것도 꿀주머니가 없다는 차이점 외에 유전적으로도 달랐기 때문이다. 보통 외형적인 변화가 일어나면 유전적 변화도 동반되는 것이 일반적인데, 이 유전적 변화가 외형적 변화를 따라가지 못하는 경우도 있다고 하며, 이러한 경우는 신변종이 될 수 없다고 한다.

개구리발톱 · 만주바람꽃

개구리도
발톱이 있다?

경칩이 지나 개구리가 동면에서 깨어나면, 제주도나 전라도에서는 저것도 꽃인가 할 정도로 작은 개구리발톱 꽃이 다소곳이 꽃망울 터뜨린다.

개구리도 발톱이 있었던가? 있다면 어떤 모습일까? 개구리의 발가락 윗부분에 불거진 뼈가 보이지만, 그것을 발톱으로 보기는 어렵다. 어쩌면 오랜 진화 과정을 거치며 있던 발톱이 사라졌을 수도 있다. 그러나 물갈퀴라면 모를까 현재의 개구리는 발톱이 없다. 발톱처럼 생긴 것이 있는 개구리가 있긴 하다. 아프리카에 살고 우리나라에도 애완용으로 들여 온 발톱개구리다. 그러나 정확하게는 뼈가 좀 많이 돌출되어 발톱처럼 보이는 것이지 발톱은 아니다.

그렇다면 뭘까? 이리저리 생각하다 보니, 열매 생김새에서 개구리의 발가락을 상상했을 수도 있겠다 싶다. 골돌로 익는 열매 끝 부분을 잘 보면 한쪽은 좀 볼록하고 반대쪽은 뾰족한 침처럼 생겼는데, 이 모양이 개구리 발가락과 닮은 듯하다. 그렇다 해서 개구리발

1 개구리발톱 2 개구리발톱 결실 3 만주바람꽃 결실 4 만주바람꽃

가락이라고 하면 더 웃길 것 같아 개구리발톱이라고 하지 않았을까?

개구리발톱은 꽃이 활짝 피었을 때의 지름이 5㎜ 정도 밖에 안 되는 아주 작은 꽃이다. 꽃잎으로 보이는 흰색 부분이 꽃받침이고 그 안쪽에 수술과 암술을 감싸는 연노랑 부분이 꽃잎이다. 수술은 15개 내외이고 암술은 3~5개이며, 씨앗도 3~5개다. 이 개구리발톱을 이명으로 '개구리망' 혹은 '섬향수풀'이라고도 하는데 냄새를 맡으면 알싸한 향이 코끝을 자극한다. 그래서 이명인 섬향수풀이란 이름이 더 그럴듯하게 느껴진다.

국가표준식물목록에는 개구리발톱과 만주바람꽃이 서로 다른 속 식물인데, 일부 도감에는 같은 속 식물로 등록해 놓았다. 학자들이 빨리 정리해 일반인들이 헷갈리지 않게 해주면 좋겠다. 만주바람꽃은 만주지방에서 처음 발견된 북방계 식물로 제주도와 울릉도를 제외한 전국에 자생한다. 줄기가 갈라지고 그 끝에 지름 1.5㎝ 정도인 꽃이 하나씩 피어난다. 3월 중순부터 꽃이 피어나기 시작하고 4월 말이면 결실이 진행되며, 열매는 두 갈래로 갈라져 흡사 게나 가재의 집게발과 비슷해 보인다. 만주바람꽃도 꽃잎처럼 보이는 것이 꽃받침이며 꽃받침 안쪽에 수술을 감싸고 있는 부분이 꽃잎이다. 수술은 30개 정도이며, 암술은 2개다. 암술 2개가 정상적으로 수정되어 열매를 맺으면 집게발 같은 모양이 된다.

애기송이풀

애기답지 않게
꽃이 큰 풀

　　　　애기송이풀은 깃꼴겹잎으로 잎자루가 길고 밑동에서 모여난다. 여러해살이풀로 4월 말에 꽃이 피며 뿌리에서 바로 잎과 꽃대가 올라온다. 꽃이 매우 큰 편이라 '애기'라는 말이 그다지 어울리지 않는다. 다른 송이풀 종류들은 꽃대가 따로 발달되어 있어 애기송이풀보다 키가 커 이 종을 애기송이풀이라 이름 붙였다면 딱히 할 말은 없다. 꽃이 매우 연약해 약간의 충격에도 쉽게 허물어지고 꽃이 피어 있는 기간도 아주 짧아 꽃을 보기가 그리 쉽지 않다.

　　고 정태현 박사는 애기송이풀을 발견하고 개성의 옛 이름인 송도를 따서 송도엔시스*songdoensis* 라는 학명을 붙였다. 그러나 그 이름은 빛을 보지 못했다. 그 전에 일본인 식물학자가 먼저 발견하고 이시도야나*ishidoyana*라는 학명을 지어놓았던 것이다. 이시도야나라는 이 종소명은 한국에서 식물분야에 큰 공을 세운 일본인 식물학자 이시도야 나카이를 기리기 위해 일본인 식물학자들Koidz & Owhi이 붙인 것이다. 금강초롱꽃, 섬초롱꽃도 마찬가지 경우다. 천마산에서

1~3 애기송이풀 **4** 애기송이풀 꽃봉오리

처음 발견되어 천마송이풀이라고도 한다.

애기송이풀은 한국특산식물이면서 2012년 5월에 환경부 지정 멸종위기식물 Ⅱ급으로 신규 등록되었다. 이것은 빠른 속도로 자생지가 파괴되고 있다는 의미로도 볼 수 있다. 또 산림청 지정 멸종위기종[CR] 144종 가운데 한 종이기도 하다. 주로 중북부 지방에 자생하나 경주의 특정 지역에 자생한다는 사실도 특이하다.

멸종위기식물이나 멸종위기종으로 지정되는 것은 종의 보존이 위협받고 있다는 의미이기도 하지만, 보존을 위한 단초를 마련하려는 것이기도 하다. 그런데 보호종으로 지정되었다고 하면 더 많은 사람들이 이런 꽃들을 찾아다닌다. 저들만의 세상에서 살아가도록 놓아두면 알아서 잘 살아갈 텐데, 지나친 관심을 보여 그들이 몸살을 앓는 경우가 많다.

미치광이풀 · 노랑미치광이풀

먹으면
미쳐 날뛴다는 풀

이름이 마치 잘못 먹으면 미친다는 뜻을 담고 있는 듯하다. 어찌 좀 무시무시하다. 꽃의 생김새를 보면 가지과에 속한다는 사실을 금방 알 수 있다. 가지과의 여러해살이풀로 광대작약이라고도 하며 깊은 산골의 돌이 많은 반그늘에서 잘 자란다. 뿌리줄기는 굵고 옆으로 뻗으며 줄기는 40㎝ 내외로 자라고 잎은 어긋나게 달린다. 꽃은 4~5월에 잎겨드랑이에 1송이씩 달려 밑으로 처지며 꽃받침은 녹색이고 5개로 갈라지는데 그 중 1개가 좀 더 크다.

"뿌리줄기에 알칼로이드인 히오시아민hyoscyamine과 아트로핀atropine, 스코폴라민scopolamin이라는 물질이 들어 있어 한방에서는 이 뿌리줄기를 가을에 채취해 말린 다음 약재로 쓰며, 약간 쓴맛이 나고 자극적이다. 독성이 강해 진통제로도 사용하고 알코올 중독으로 인한 수전증 제거 등 진경제의 재료로 쓰인다. 섭취하면 소화기 계통의 마비를 가져오고 호흡이 느려지며 발열, 흥분, 불안, 환각 등 증상이 나타나 마치 미친 사람처럼 된다 해 붙여진 이름이다." 이

1~3 미치광이풀

식물에 대해 알려진 일반적인 이야기다.

매년 4월 말에 깊은 산을 탐사하면 늘 만나게 된다. 독성이 강하다는 사실은 익히 들어 알고 있다. 넓은 잎 사이로 대롱대롱 달려 있는 모습이 탐스럽게 생겨 그냥 지나칠 수 없다. 꽃이 완전히 피면 밑을 향하고 있기 때문에 예쁘게 찍으려면 땅바닥에 바짝 엎드려야 한다.

2010년 5월 초에 충청북도 단양의 한 산에 미치광이풀의 변종인 노랑미치광이풀이 있다는 소식을 듣고는 찾아갔다. 7부 능선쯤 올라가니 미치광이풀은 지천인데 노랑미치광이풀은 보이지 않았다. 미치광이풀밭은 멧돼지들의 습격으로 초토화되어 있었다. "멧돼지들이 미치광이풀의 뿌리도 먹나?" 100m 정도 범위로 오르락내리락하면서 노랑미치광이풀을 찾는데 초토화된 흔적만이 자꾸 눈에 들어왔다. "이러다가 이놈들이 내 앞에 떼거리로 나타나면 어떡하지? 혹시 멧돼지들이 먹을 것이 없어 이 미치광이풀의 덩이뿌리를 먹고 미쳐 날뛰면서 나에게 덤벼든다면?" 오만 생각이 머리를 스쳤다.

1시간 이상을 헤매다 보니 찾는데 자신이 없어졌다. 노랑미치광이풀도 멧돼지에게 피해를 입은 것일까? 허탈한 마음에 한 번만 더 찾아보고 없으면 내려갈 생각을 하고 가보지 않았던 외진 쪽으로 가니 한 포기가 노란 꽃을 피우고 나를 반겨 주었다. 탄성이 절로 나왔다. 이 꽃을 보려고 4시간을 달려오지 않았던가? 너무나 반가운 나머지 한참동안 멍하니 바라보고 있었다.

1~2 노랑미치광이풀

　"너를 보는 것은 이 한 번으로 족하다. 너에 대한 그리움을 가슴 속 깊이 새겨 놓고 우연인 듯 다시 만날 날을 기다리마."

　노랑미치광이풀은 꽃이 노란색이고 꽃받침 5개 중에 하나가 유독 길다는 이유로 고 이영노 박사가 독립 종으로 발표해 한국특산식물로 설정해 놓았는데, 10여 년 전 연구에서 독립 종이라기보다는 미치광이풀의 품종 또는 개체변이로 보는 것이 타당하다김영동 & 김성희, 2003는 분류학적 견해가 나왔다.

누른괭이눈 · 큰괭이눈(흰털괭이눈) · 천마괭이눈(금괭이눈)
선괭이눈 · 산괭이눈 · 가지괭이눈 · 애기괭이눈

고양이 눈을
닮은 풀

괭이눈속 식물은 꽃이 핀 모습이 고양이 눈을 닮았다거나, 씨방이 터져서 까만 씨앗을 담고 있는 종지의 모습이 흡사 고양이 눈을 닮았다고 해서 괭이눈이라는 이름이 붙었다고 한다. 저 모습에서 고양이 눈을 생각해 내다니 기발하다.

지난해 봉화에서 누른괭이눈을 만나며 내가 본 괭이눈속 식물은 7종으로 늘어났다. 누른괭이눈, 큰괭이눈^{흰털괭이눈}, 천마괭이눈^{금괭이눈}, 선괭이눈, 산괭이눈, 가지괭이눈, 애기괭이눈이다. 이른 봄 얼음이 채 녹기도 전에 꽃과 이삭잎을 노랗게 물들이는 신비스런 꽃, 수천 · 수만 년의 세월을 거치면서 자신이 어떤 모습으로 변해 있어야 수정 확률이 높아지는지 이들은 알고 있었다.

수정이 끝나면 노란색 이삭잎은 흔적도 없이 사라지고, 연초록 종지에 갈색 씨앗을 가득 담고서 비가 흩뿌릴 날을 기다린다. 빗방울이 종지에 떨어지면 씨앗들은 튕겨져 나가 흐르는 계곡물을 따라 먼 여행을 떠난다. 그러다가 발길이 머문 곳에 자리를 잡고 싹을 틔

1~2 누른괭이눈 3 누른괭이눈(왼쪽)과 큰괭이눈(오른쪽) 4 큰괭이눈(오른쪽)과 남도현호색(왼쪽)
5 천마괭이눈 6 가지괭이눈

운다. 그래서 괭이눈속 식물이 계곡을 따라 군락으로 분포하며, 상류와 하류에 같은 종류가 분포하는 것을 볼 수 있다.

　괭이눈속 식물을 크게 두 부류, 잎이 어긋나는 종류와 마주나는 종류로 나눈다. 어긋나는 종은 산괭이눈과 애기괭이눈이고, 나머지 누른괭이눈, 큰괭이눈흰털괭이눈, 선괭이눈, 가지괭이눈, 천마괭이눈금괭이눈은 마주난다. 또한 꽃잎처럼 보이는 것이 꽃받침으로, 이 꽃받침이 펼쳐져 옆으로 눕는 종산괭이눈, 애기괭이눈, 가지괭이눈과 똑바로 서는 종누른괭이눈, 큰괭이눈, 선괭이눈, 금괭이눈으로 나누기도 한다. 이삭잎의 노란색으로도 구별할 수 있다. 이삭잎에 노란색이 가장 넓게 퍼져 있는 것은 천마괭이눈금괭이눈이고, 선괭이눈과 누른괭이눈은 이삭잎의 반 정도가 노란색으로 덮여 있으며, 나머지는 노란색이 거의 없다.

　종별로 구별해 살펴보자. 누른괭이눈은 이삭잎이 가장 크고 이삭잎의 반 정도가 노랗게 변하며 줄기에 털이 많고, 꽃이 없는 어린 잎에는 흰 줄무늬가 있다. 큰괭이눈은 이삭잎이 작고 노란색이 아주 조금 있으며, 줄기에 털이 보송보송 많다. 천마괭이눈금괭이눈은 이삭잎의 대부분이 노랗게 물들고 줄기에 털도 많다. 선괭이눈은 이삭잎의 반 정도가 노랗게 물들고 줄기에 털이 없다. 산괭이눈의 이삭잎은 노랗게 물들지 않으며 꽃받침이 옆으로 눕고, 가지괭이눈은 가지를 많이 치는 특징이 있으며, 이삭잎 및 꽃받침도 초록색이다. 마지막으로 애기괭이눈은 이삭잎이 3갈래로 갈라지는 것이 대부분인데 울릉도의 애기괭이눈처럼 이삭잎이 4개 이상으로 갈라지는 개체도 있으며, 노랗게 물들지 않는다.

1 선괭이눈 **2** 산괭이눈 **3** 산괭이눈 씨앗 **4** 애기괭이눈(울릉도 성인봉) **5** 애기괭이눈 군락 **6** 애기괭이눈 씨앗

등칡 · 쥐방울덩굴

수정시켜주지 않으면
빠져나가지 못해

식물은 생존을 위해서 다양한 모양으로 꽃을 만들어 낸다. 꽃은 기본적으로 꽃잎과 암술, 수술을 만들어 꽃가루에 있는 정핵과 씨방 속의 난핵이 만나서 씨앗을 만드는데 그 과정이 식물마다 천차만별이다. 수정에 자연 환경바람, 물 등을 이용하는 방법도 있고 곤충이나 다른 동물을 이용하는 경우도 있다. 고착생활을 하는 식물은 이렇게 다른 환경이나 동물의 도움을 받지 않으면 자신의 후대를 남길 수 없다.

가장 보편적인 방법이 꽃가루받이를 돕는 매개 곤충을 이용하는 것이다. 곤충이 좋아하는 영양분꿀을 만들어 제공하면서 자신의 꽃가루를 동종의 다른 개체에게 전해주는 방법이다. 보통의 꽃들은 꽃잎이 수평으로 펼쳐 있으면서 암술과 수술이 드러나 있다. 그래야 곤충이 이 꽃 저 꽃으로 옮겨 다니면서 수정이 자연스럽게 이루어질 수 있다.

그런데 꽃이 독특하게 생겨서 곤충들이 쉽게 꿀을 취하기 어려

1~3 등칡 3 쥐방울덩굴

울 것 같은 식물이 있다. 대표적인 식물이 쥐방울덩굴속의 등칡과 쥐방울덩굴이다. 특히 등칡은 색소폰을 꼭 빼닮았다. 등칡 꽃이 피어나면 아름다운 색소폰 선율이 흘러나올 것만 같다.

등칡은 분류학상으로 콩과 식물과는 동떨어진 식물이지만 잎은 칡과 비슷하게 생겼고 줄기는 등나무를 닮았다. 그래서 등칡이라는 이름을 얻었다. 전국적으로 분포하나 개체수는 그리 많지 않다. 등칡은 암꽃과 수꽃이 서로 다른 나무에 달린다. 곤충이 수꽃 속으로 들어가서 꽃가루를 취해 암꽃에게로 날아가야만 수정이 이루어진다.

그런데 곤충이 암꽃으로 들어가기는 쉽지만 나오기는 쉽지 않다. 꽃 속 통로에 아래쪽을 향하는 침 같은 구조물이 있어서다. 안에서 당황한 곤충이 오락가락하다 암술에 꽃가루를 묻혀 수정이 이루어지면 딱딱한 침들이 허물어지고, 곤충은 무사히 빠져 나올 수 있다. 고상하게도 생겼지만 참 오묘한 꽃이기도 하다.

홀아비꽃대 · 옥녀꽃대

외로운 촛대처럼
꽃대를 올리는 풀

꽃대가 촛대처럼 자라는 종류에 홀아비꽃대와 옥녀
꽃대가 있다. 홀아비꽃대는 영천 이북 지방에 주로 분포하고, 옥녀
꽃대는 포항, 경주를 비롯한 남부지방에 주로 분포하며, 거제도 옥
녀봉에서 처음 발견되어 붙여진 이름이라는데 확인할 길이 없다.
그리고 중북부 지방에 자생하는 꽃대^{쌍둥꽃대}도 있다고 하나 최근 꽃
대를 만나 본 사람이 없는 것 같다.

홀아비꽃대는 줄기가 곧게 20~30㎝로 자라며 자줏빛이고, 중간
쯤에 비늘 같은 잎이 달리고, 위쪽에는 잎 4장이 돌려나는 것처럼
달린다. 돌려나는 듯 보이는 잎 4장은 2장씩 마주나는 잎과 잎 사이
가 매우 짧아 그리 보이는 것이다. 그리고 잎은 반들반들 윤이 난다.
꽃은 암술과 수술이 있는 양성화로 4월에 이삭꽃차례를 이룬다. 꽃
차례의 길이는 2~3㎝이고 꽃잎은 없다. 흰색 수술대 3개가 마치 꽃
잎 같아 보이며 밑 부분이 합쳐져서 둥근 씨방에 붙어 있고, 양쪽 수
술대 아래쪽에만 꽃밥이 있다. 꽃밥은 노란색이다. 중간 수술대에는

꽃밥이 없으며, 수술대가 굵고 짧다. 꽃대에 마디가 없다.

옥녀꽃대는 줄기가 곧게 15~40㎝로 자라며, 잎이 역시 4장으로 돌려나는 것처럼 보이나 2장씩 마주난다. 옥녀꽃대의 꽃대 중간 위쪽에 마디가 있으며, 꽃이 피어 있을 때는 꽃이 똑바로 서 있지만 꽃이 지고 열매를 맺었을 때는 마디가 45도 정도로 꺾여 있다. 꽃은 흰색이며 진한 향기를 풍긴다. 수술대는 역시 3개이며 홀아비꽃대에 비해 더 가늘고 길다. 양쪽 수술대에는 1실로 된 꽃밥이 있고, 가운데 수술대에는 2실로 된 꽃밥이 있다. 씨방은 달걀 모양이며 암술대는 없다.

홀아비꽃대는 꽃밥이 노란색이고 수술대의 좌우 양쪽에만 노란색 꽃밥이 있지만, 옥녀꽃대는 꽃밥이 노란색이 아니며 수술대 3개 모두에 꽃밥이 있다. 옥녀꽃대는 한 때 한국특산식물로 취급되었으나 일본에 자생하는 종 *C. fortunei*과 같은 종으로 취급되어 특산식물에서 제외되었다.

홀아비꽃대는 꽃잎 없이 꽃술만 핀다고 해서 붙여진 이름이라고도 하고, 꽃 이삭 하나만 촛대같이 홀로 서 있기 때문이라고도 하며, 막대 모양 흰 꽃이 듬성듬성 달리는데 그 모습이 흡사 수염을 깎지 않은 홀아비의 궁상맞은 모습과 닮았다고 해서 붙여진 이름이라고도 한다. 꽃말도 '외로운 사람'이다.

홀아비꽃대와 비슷하지만 전체적으로 크고 보통 꽃차례가 2개인 꽃대 *C. serratus*가 중부 이북 숲속에 자란다는데 볼 기회가 없었다.

1 홀아비꽃대
2 홀아비꽃대 결실
3~4 옥녀꽃대
5 옥녀꽃대 결실

모데미풀
세계 1속 1종뿐인
한국특산식물

　　매년 4월 말만 되면 생각지도 않은 일이 생겨 모데
미풀을 만나러 갈 기회를 놓쳤다. 그러다가 2008년 4월 20일, 드디
어 모데미풀을 만나러 나서게 되었다. 소백산에도 있지만 너무 많
이 걸어야 된다는 벗들의 말에 강원도 태백산으로 가기로 했다. 아
침 7시에 칠곡IC에서 만나자 해 놓고 전날 행사가 있어 늦게 잠자리
에 드는 바람에 7시에 일어났다. 한 시간이나 기다리게 할 수가 없
어서 일행들을 먼저 출발하게 해 놓고 따라갔다.

　　쉬지 않고 달려 영주에서 합류했다. 꼬불꼬불 산길을 따라 태백
산 유일사 매표소에 도착했다. 태백산 꽃 산행은 몇 번 해 보았던 터
라 어디에 가면 무슨 꽃이 있는지 눈에 선하다. 먼저 한계령풀이 있
는 곳으로 올라갔다. 2년 연속 이곳을 찾았지만 끝물인 한계령풀만
만나서 아쉬움이 많았었다. 한창인 한계령풀을 만나고 난 후에 다
시 내려오니 태백에 사는 인디카의 '설야' 님과 '꼬꼬마' 님이 와 있
었다. 매번 강원도를 찾으면 반가이 맞아주는 꽃친구들이다. 시멘트

바닥에 둘러 앉아 가져온 김밥, 떡으로 끼니를 때웠다.

　오후 일정이 있으니 지체할 시간이 별로 없다. 모데미풀이 있는 골짜기로 다시 들어갔다. 계곡을 따라 한참 올라가니 물가에 모데미풀이 방긋방긋 웃고 있었다. 얼마나 오랫동안 벼르다 만난 것인지, 가슴이 쿵쿵 뛰었다. 아래쪽으로 돌려난 줄기잎처럼 보이는 것이 꽃받침조각인데, 가장자리가 깊게 파인 것이 숫사자가 갈퀴를 세우고 울부짖는 것 같았다. 다른 바람꽃 종류들과 마찬가지로 흰색 꽃잎처럼 보이는 것이 꽃받침이고, 안쪽의 황금색 젤리 모양인 것이 꽃잎이 변해서 만들어진 것이다. "황금색 젤리 속에 달콤한 꿀이 잔뜩 들어 있으니 내 꿀을 가지고 가렴." 모데미풀의 애원이 들리는 듯하다.

　모데미풀은 미나리아재비과에 속하는 식물로 세계에서 1속 1종뿐인 한국특산종으로 깊은 숲속의 능선 부근이나 계곡 주변에 분포한다. 지리산 운봉 쪽에 모뎀골이라는 골짜기가 있는데 그 골짜기에서 1935년에 일본학자Ohwi가 처음 발견해 그곳의 지명을 따서 모뎀풀이라고 부르다가 모데미풀로 명명되었단다. 운봉금매화라고도 불리는 것을 보면 지리산 운봉에서 처음 발견된 것은 틀림없는 것 같은데, 70여 년간 지리산 자생 모데미풀을 본 사람이 없어 지리산에 모데미풀은 없다고 하는 지경에 이르렀었다. 그러다가 최근 야생화 동호인이 지리산에서 모데미풀을 보았단다. 올 4월 말의 새로운 목표가 생긴 셈이다.

1~3 한계령풀 **4**모데미풀 **5** 모데미풀 결실 **6** 모데미풀

현재까지 모데미풀의 자생지는 지리산, 한라산, 소백산, 태백산, 덕유산, 설악산, 광덕산 그리고 북한의 자강도 등지로 백두대간의 준령을 따라 분포하는 것을 알 수 있다. 2010년도에는 소백산 모데미풀 자생지도 찾아보았다. 어마어마한 군락이 끝없이 펼쳐진 모습에 눈이 휘둥그레졌었다. 한국의 모데미풀 최대 군락지가 소백산이라는 이야기는 많은 것을 시사한다. 현진오 박사는《사계절 꽃산행》이라는 책에서 종으로서의 최초 분화지가 소백산일 가능성이 있다고 언급했다. 한국특산식물로 1속 1종인 이 식물의 자원적 가치는 말로 표현할 수 없을 정도로 크다. 잘 보존되어 자원식물로서의 가치를 높이길 바란다.

앵초 · 큰앵초 · 설앵초

따뜻한 햇살 받고
피어난 꽃

벚나무를 일제의 잔재로 여겨 많이 베어냈다가 최근 벚나무의 고향이 제주도라는 사실이 알려지면서 다시 가로수로 많이 심고 있다. 앵초櫻草의 이름이 바로 이 벚나무에서 왔다. 꽃이 아주 아름다우면서도 벚나무 꽃과 비슷해 일본에서 사쿠라소우櫻草라고 불렀고 이를 그대로 우리말로 옮겨 앵초가 된 것이다. 이름의 유래와 상관없이 이 아름다운 꽃이 그리워 4월이면 앵초를 찾아 나선다.

앵초는 전국에서 자라는 여러해살이풀로 잎은 뿌리에서 뭉쳐나고 끝이 둥글며, 밑 부분이 심장 모양이고 가장자리에 둔한 겹톱니가 있다. 잎 표면에 주름이 있고, 잎자루는 잎몸보다 2~3배 길다. 뿌리줄기는 수염뿌리로 짧고 옆으로 비스듬히 서며, 전체에 꼬부라진 털이 많다. 꽃은 홍자색으로 4월에 피어나며 줄기 끝에 꽃 7~20송이가 옆으로 펼쳐지듯이 달린다. 앵초의 꽃을 자세히 보면 풍차를 닮아 풍륜초, 풍차초라고도 한다.

키 작은 앵초가 사라질 때쯤이면 앵초보다 좀 더 높은 산에 자생하는 큰앵초가 방긋방긋 피어난다. 큰앵초는 5월 말부터 꽃이 피기 시작하고 6월 초에 절정을 이루며 7월이면 꽃을 거의 볼 수 없다. 잎은 뿌리에서 나며, 가장자리가 7~9갈래로 얕게 갈라지고 치아 모양 톱니가 있다. 꽃은 1~4층으로 층을 이뤄 피며, 각 층마다 5~6송이가 달린다.

영남 알프스의 신불산 자락에는 설앵초가 피어난다. 꽃도 잎도 모두 앵초보다 작다. 그래서 설앵초라고 한다. '설'은 '작다'는 의미를 담고 있다. 비록 작지만 높은 산 정상부에서 피어나 천지를 호령한다. 제주도의 윗새오름에도 설앵초가 자생한다. 일부 학자들은 잎의 형태가 신불산·가야산의 것과 한라산 윗새오름의 것이 좀 다르다며 이것을 한라설앵초로 구분하기도 한다.

백두산에 자생한다는 좀설앵초는 꽃과 잎이 설앵초보다도 작다. 녀석도 볼 기회가 있으면 좋겠다.

1 앵초 2 큰앵초 3 설앵초 4 큰앵초(흰색)

은행나무

살아있는 화석,
은행나무 암꽃 엿보기

고생대부터 지금까지 살아있는 화석으로 자리매김한 식물이 있다. 소철나무와 은행나무, 메타세쿼이아, 그리고 쇠뜨기와 같은 속새류 등이다. 특히 은행나무는 수명이 길어서 장수나무로 알려져 있다. 용문사의 은행나무는 높이가 42m, 밑동 둘레가 15.2m이며, 수령이 무려 1,100년이나 된다니 장수나무로 손색이 없다.

열매는 고약한 냄새를 풍겨 다른 동물들이 먹지 못하도록 해 놓고 자신의 유전자를 그 속에 고이 간직한다. 은행나무 씨앗이 발아하여 꽃이 필 때까지 걸리는 기간이 20년 전후라고 한다. 즉, 20년 정도가 지나야만 암나무에서는 암꽃이, 수나무에서는 수꽃이 피는 것이다.

그렇다면 암나무와 수나무는 어떻게 구별할까? 보통 가지가 50도 이상 옆으로 벌어져 있으면 암나무, 50도 이내로 원줄기와 같이 위로 뻗어 올라가면 수나무로 보는데, 이것으로 암수를 맞출 확률은 60퍼센트 정도 밖에 안 된다. 수령이 같을 경우 암나무 잎보다 수

1~2 은행나무 암꽃
3~4 은행나무 수꽃
5 은행나무 열매

나무 잎이 더 크고 진녹색이라고 하나 이것 또한 애매하다. 좀 더 정확한 것은 잎자루가 있는 통통한 부분^{단지}을 살피는 것으로 그 부분이 길면 암나무, 없거나 짧으면 수나무다.

수년 전에 은행나무의 암꽃을 한 번 보려고 많은 시간을 투자한 적이 있었다. 도로가의 은행나무 중에서 가지가 옆으로 뻗은 것을 살폈는데, 모두 수꽃이 달려 있었다. 가지를 뻗은 각도로 암수를 구별하는 것이 신빙성이 낮다는 것을 느끼는 순간이었다. 결국 가장 쉽게 암꽃을 찾는 방법은 가을에 열매가 달린 나무를 기억했다가 다음 해 꽃 필 무렵 찾아가서 찍는 것이 가장 확실한 방법이었다. 그래서 포항공대 안에 있는 암나무를 하나 기억해 두었다가 이듬해 찾아가 암꽃을 확인했다.

암나무와 수나무가 따로 있으니 씨앗도 암나무가 될 씨앗과 수나무가 될 씨앗이 따로 있다. 암나무 씨앗은 굵고 둥글며 수나무 씨앗은 상대적으로 작고 길쭉하다.

은행나무는 척박한 토양에서도 잘 자라며 공해에도 강하고, 가을에 노랗게 물드는 잎이 아름다워 도시의 가로수로 인기가 많다. 그런데 근래에 가로수로 심는 것이 대부분 수나무란다. 수나무에 비해 가지가 옆으로 퍼져 자라는 암나무가 상점의 간판을 가리고, 열매에서 심한 악취가 나기 때문이란다. 억겁의 세월을 지켜온 은행나무가 인간에게 악취를 준다는 이유로, 옆으로 뻗는 것이 도시 미관에 방해가 된다는 이유로 수나무와 공존할 기회마저 박탈당한 것이다.

주걱댕강나무 · 섬댕강나무 · 줄댕강나무 · 꽃댕강나무

댕강나무속
식물의 대표선수

최근 미기록종이나 신종이 많이 발견되고 있다. 미기록종이란 다른 나라에는 있으나 우리나라에서는 아직 발견되지 않았던 것이고, 신종은 전 세계에서 처음 발견된 종이다. 미기록종보다도 신종 발견이 더 어려운 것은 당연하다.

주걱댕강나무는 2003년까지 일본특산식물로 알고 있던 식물이었는데, 야생화 동호인인 강덕구 씨가 우리나라에서 처음 발견했고, 현진오 박사에 의해 정식으로 기록된 종이다. 경상남도 양산의 한 산에서만 자생하며, 꽃도 크고 매우 아름답다. 꽃은 통꽃으로 깔때기 모양이며 중간 부분이 오동통해 옆에서 보면 주걱 모양을 닮았다. 5월에 황백색으로 피어나며 꽃잎 아래쪽에 노란색 허니가이드가 있다. 꽃이 진 자리에 남은 꽃받침 5개는 붉게 물들어 뜨거운 여름날에도 화려하게 보인다.

2012년 6월에 강원도로 두메애기풀과 꼭지연잎꿩의다리를 보러가던 길에 줄댕강나무를 만나는 행운을 누렸다. 줄댕강나무는 잎

1~3 주걱댕강나무 **4~5** 줄댕강나무 **6** 꽃댕강나무 **7** 섬댕강나무

가장자리가 매끈하고 마주나는 2개의 잎자루는 2~7㎜로 짧으며, 줄기를 완전히 감싼다. 꽃은 햇가지 끝에 달리고 꽃봉오리 때는 주홍색이었다가 완전히 피면 색이 연해져 우윳빛으로 변한다. 꽃에서 풍기는 은은한 향기가 매혹적이다. 한국특산식물로 중북부지방과 북한 쪽에 자생하는 식물로 알려져 있다.

꽃 속에 보송보송 털이 나 있는 털댕강나무도 있다. 털댕강나무의 변종으로 섬댕강나무가 있는데, 꽃 안쪽에 털이 보송보송하게 많으면 털댕강나무, 털이 없으면 섬댕강나무로 보면 된다. 울릉도에 자생하는 섬댕강나무는 잎 가장자리가 깊게 파이고 마주나는 잎자루 2개가 줄기를 완전히 감싸는 특징도 있다.

중국 원산의 도입종인 꽃댕강나무는 다양한 재배품종이 있으며, 꽃 피는 기간이 6월부터 11월까지로 길고 향기도 진해 관상수로 적합하다. 꽃은 연한 분홍색 혹은 흰색이며 길이 2㎝ 정도이고 꽃받침 조각은 보통 5장이며 붉은 갈색으로 꽃이 진 뒤에도 매우 아름답다. 반상록성으로 중부 이남의 도로가, 공원, 아파트 등 주변 어디에서나 볼 수 있어 많은 사람들로부터 사랑받고 있다.

타래붓꽃 · 부채붓꽃

바닷가에 자라는
붓꽃

붓꽃이라는 이름을 가진 식물은 꽃봉오리가 물기를 머금은 붓 모양이다. 붓꽃속^{Iris}에는 붓꽃을 비롯해 타래붓꽃, 부채붓꽃, 제비붓꽃, 금붓꽃, 노랑붓꽃, 노랑무늬붓꽃, 각시붓꽃, 솔붓꽃, 난장이붓꽃, 대청부채, 꽃창포, 만주붓꽃 등이 있다. 꽃봉오리 끝에 연보라색 물기 머금은 저 붓으로 사랑하는 이에게 그리운 사연을 적어 푸른 바다에 띄우면 짙은 사랑의 답장이 올 것만 같아서인지 붓꽃의 꽃말이 '기쁜 소식'이다.

타래붓꽃은 날카로운 칼 모양인 잎이 나선상으로 배배 꼬여 있어 타래붓꽃이라는 이름이 붙었다. 꽃은 수수한 연보라색이며, 4월 말부터 시작해 5월 초에 걸쳐 핀다. 잎이 꽃대보다 더 길며 푸른 바다와 아주 잘 어우러져 무더기로 자란다.

부채붓꽃도 바닷가가 인접한 곳에 자란다. 아래쪽 잎이 부채 모양이어서 부채붓꽃이라고 부른다. 꽃대는 30~70㎝로 높고 가지가 많이 갈라지며, 가지가 갈라지는 지점에 휘어진 창 같은 포가 있다.

꽃자루는 3~4㎝이고 꽃은 5~6월에 보라색으로 피어나며, 외화피에 실핏줄 같은 줄무늬가 선명하게 나 있고 밑 부분은 노란색에 줄무늬가 선명하다. 이 외화피의 특징만으로도 다른 붓꽃들과 구별된다.

부채붓꽃은 중국과 몽골, 우리나라의 강원도 고성군, 삼척군에 자생하는 북방계 식물로 알려져 있는데, 포항 인근 바닷가의 계곡과 합류되는 곳에서도 자생하는 것을 확인했다. 현재까지는 이곳이 분포의 남방한계선인 듯하다.

큰 바람 작은 바람이 만들어 낸 파도가 몽돌 사이로 들고나는 소리, '끼욱끼욱' 갈매기 소리가 정겹다. 그 속에서 푸른 파도, 초록 풀빛과 함께 부채붓꽃이 아름다운 꽃을 피웠다.

1~2 타래붓꽃 3~5 부채붓꽃 6 부채붓꽃 결실

광릉요강꽃(광릉복주머니란)
꽃 찾는 이들에게
선망의 대상인 꽃

5월 어느날, 대구의 동호인 김복진 씨로부터 칠곡IC
로 밤 2시까지 모이라는 전갈을 받았다. 초저녁부터 잠을 청했는데,
눈이 말똥말똥하다. 약속 장소에 도착하니 대구에 사는 동호인 넷
이 기다리고 있었다. 얼굴을 보니 모두들 들뜬 마음에 밤잠을 설친
모양이다. 이래서야 누가 운전을 할꼬. 다행히 기사를 자청하는 분
이 있어 강원도 춘천으로 향했다. 아침 7시 반경에 산자락에 도착
했다.

길 없는 숲속에서 헤매기를 20여 분, 환상적인 자태를 뽐내는 광
릉요강꽃을 만났다. 5송이가 서로에게 의지하면서 나란히 늘어섰
고, 꽃은 초록색 주름치마에 감싸인 채 수줍은 듯 살짝 모습을 드러
냈다. 아무리 신이라 하더라도 어떻게 이런 모양을 만들었을까? 다
들 숨죽이고 꽃을 감상했다.

커다란 잎 2장이 마주보며 달려 마치 잎 1장이 꽃 1송이를 감싸
고 있는 모양이다. 잎이 여인의 주름치마를 닮았다고 해서 치마난

광릉요강꽃

초라고도 부른다. 잎 위에 살포시 내려앉은 빛 그림자가 이 꽃을 숲 속의 발레리나로 만들었다. 위에서 아래로, 아래에서 위로, 어느 방향에서든 렌즈를 갖다 대면 그에 맞게 포즈를 취해주는 듯했다.

한 시간이 지났는데도 아무도 자리를 뜨려하지 않았다. 말 그대로 꽃에 취한 듯했다. 아름다운 모습을 가슴 깊이 새겨놓았으니 이제 그리울 때마다 꺼내 보면 되겠지. 아쉬움을 뒤로하고 자리를 떴다.

이화여대 이남숙 교수는 《한국의 난과식물도감》을 통해 복주머니란속 식물을 광릉복주머니란, 털복주머니란, 노랑복주머니란, 얼치기복주머니란, 복주머니란, 산서복주머니란 6종으로 정리했다. 광릉복주머니란의 원래 이름은 광릉요강꽃이었다. 예쁜 식물 이름에 요강꽃이니, 개불알꽃이니 하는 이름이 붙어 좀 망측하다 해 고 이영노 박사가 복주머니란으로 개칭한 것이다. 어떤 이름을 사용할 것인지는 독자들이 판단하기 바란다.

수선화

추사의 사랑을
흠뻑 받은 꽃

선비들이 정자에 모여 앉아 음풍농월吟風弄月하던 시절, 그들의 꽃 사랑에 단골손님으로 등장하던 것이 매화, 난초 그리고 수선화였다. 수선화는 흰색 꽃잎이 6장 있고, 그 안쪽에 술잔처럼 생긴 황금색 부화관이 있으며 부화관 안쪽에 암술과 수술이 있다. 암술과 수술이 있으니 수정될 수 있지만 그렇더라도 결실로 이어지지는 않아 알뿌리로 번식한다.

수선화 학명Narcissus tazetta var. chinensis에서 속명 나르키수스Narcissus는 그리스어의 옛 말인 나르카우narkau, 최면성에서 유래된 것이라는 견해도 있고, 그리스 신화에 나오는 나르키소스라는 아름다운 청년이 샘물에 비친 자신의 모습에 반해 물속에 빠져 죽은 자리에서 핀 꽃이라는 전설에서 유래된 것이라고도 한다. 얼마나 아름다웠으면 연못에 비친 자신의 모습에 도취되어 스스로를 그리다가 물에 빠져 죽는 일까지 일어났을까? 꽃말이 '자아도취', '고결'이 된 이유다.

수선화는 내륙의 것과 제주도의 것이 서로 다르다. 제주도의 것

1 수선화(세명고 교정) 2 수선화(거문도) 3~4 수선화(제주도)

은 특유의 금잔이 없고 내륙의 것보다 꽃 피는 시기가 한 달 이상 빠르다. 그래서 이것을 '제주수선화'라고 부른다.

　수선화의 원산지는 지중해와 중국 남부인데 제주도와 거문도에 자생하는 수선화는 중국에서 유입된 것으로 보는 것이 타당하다는 견해가 있다. 이것은 학명에 근거를 둔 것으로 변종명이 차이넨시스$chinensis$이므로 중국에서 유입된 꽃으로 보아야 하지 않겠냐는 것이다. 그런데 우리나라에서 야생으로 자생하는 수선화는 거문도 등대 주위의 절벽에 피어 있는 것이 유일하다고 보며, 이것은 1885년 영국 함대가 러시아의 남진을 막기 위해서 거문도를 강제 점령한 일이 있었고, 약 2년간 영국군이 거문도에 머물면서 수선화도 함께 들어왔다고 보는 설도 있다. 나는 두 번째 견해에 공감한다.

　수선화 사랑에 추사 김정희를 빼놓고 얘기할 수 없다. 내륙에서는 흔히 볼 수 없는 꽃이어서 중국 연경에 가는 선비들에게 부탁해 알뿌리를 어렵게 구해서 키웠다고 한다. 그런데 추사가 제주도 대정에서 유배생활을 할 때 주변을 둘러보니 지천에 깔린 것이 수선화였단다. "수선이 일망무제一望無際로 자라고 있는 것이 아닌가"라고 표현할 정도였고, 제주도민들은 수선화를 잡풀로 여겨 밭에서는 뽑아 버리기도 했다니 정말 수선화가 많긴 많았나 보다. 수선화에 흠뻑 빠졌던 추사의 시 한편을 읽고 넘어가자.

一點冬心朶朶圓(일점동심타타원)

한 점의 겨울 마음이 송이송이 둥글어

品於幽澹冷雋邊(품어유담냉준변)

그윽하고 담담한 기품은 냉철하고 빼어나구나.

梅高猶未離庭砌(매고유미이정체)

매화가 고상하다지만 뜰을 못 벗어나는데

淸水眞看解脫仙(청수진간해탈선)

맑은 물에서 해탈한 신선을 정말로 보는 구나.

내가 근무하고 있는 포항의 세명고등학교의 교화가 수선화다.
세명고 학생들이 아름다운 수선화만큼이나 고결한 마음을 가지고
선비처럼 도도하게 자신의 뜻을 펼쳐 나가는 학생들이 되길 바란다.

초피 · 산초

향기 짙은 닮은 나무

초피나무와 산초나무를 혼동하는 사람이 많다. 둘은 잎과 열매에서 짙은 향기를 내는 운향과 식물이다. 어떤 차이로 둘을 구별할 수 있을까? 가장 기본적인 것은 꽃 피는 시기로, 초피나무는 봄인 5월에 꽃이 피고 6월에 초록색 열매를 맺으며, 9월이면 삭과가 적갈색으로 익는다. 열매 속에는 검은색 씨앗이 들어 있다. 그런데 산초나무는 8월에 꽃이 피기 시작해 11월에 열매를 맺고 검은색 씨앗이 드러나 확연히 구별된다. 꽃 피는 모양으로도 구분이 가능하다. 줄기의 잎이 나는 부위에서 꽃이 피면 초피나무이고, 줄기 끝에 꽃이 피면 산초나무다.

줄기에 있는 가시의 경우 초피나무는 마주나고 산초나무는 어긋난다. 어린 개체일 때는 잎만으로 구별해야 하는데, 잎에 물결 모양이 있는지 없는지로 구별할 수 있다. 작은 잎 가장자리에 물결 모양이 있으면 초피나무이고, 없으면 산초나무다.

초피나무 열매는 향이 매우 강해 초록색 열매를 따서 이빨로 깨물면 입 안이 얼얼하다. 산초나무도 향은 있지만 초피처럼 강하지

1 산초나무 **2** 초피나무

않다. 초피나무와 산초나무는 향신료로 많이 사용한다. 특히 초피나무는 추어탕에 넣어 비린내를 없애주는 역할을 한다.

비슷한 종류에 개산초, 왕초피나무, 민산초나무가 있다. 줄기의 가시가 마주나며 작은 잎이 7개 이하이고, 엽축에 날개가 발달하며 상록성인 나무가 개산초이고, 줄기의 가시가 마주나면서 어린 가지에 잔털이 있고 소엽이 7~13개이며, 2~5㎝로 조금 크면 왕초피나무다. 왕초피나무는 다른 산초나무속 식물에 비해 잎이 커 '왕'이라는 말이 붙었다. 산초나무와 같은데 줄기에 가시가 없으면 민산초나무다.

참작약 · 백작약 · 산작약
빼어난 미모,
작약 삼총사

　　　　　우리나라에 자생하는 작약은 참작약, 백작약, 산작약 3종이다. 어느 한 종이라도 만나기가 만만치 않다. 꽃이 아름답고, 약재로도 많이 채취해 손에 꼽을 정도로 개체수가 적다. 꽃 피는 시기도 3~4일로 매우 짧아 꽃이 피었다는 소식을 듣고 현장에 갔을 때 이미 꽃이 져버린 경우가 부지기수다. 10년간 야생화를 탐사했지만 참작약 꽃은 2012년 5월에 처음 보았고, 백작약 꽃은 몇 년 전부터 간간이 보았으며, 붉은 산작약 꽃은 2011년 6월에 처음 보았으니 참으로 꽃을 보기 어려운 종들이다.

　참작약은 경주, 포항을 비롯해 영덕, 울진까지 해안을 끼고 있는 야산에 분포한다. 수년 전부터 여러 차례 찾아다녔지만 매년 허탕이었다가 2011년에 야생 상태의 참작약을 처음 만났다. 그런데 꽃이 핀 포기가 하나도 없었다. 1년을 기다려 2012년 5월에 다시 찾았더니 감격스럽게도 참작약 꽃이 활짝 피어 있었다. 두근거리는 마음을 진정시키면서 꽃 가까이 가니 참작약 특유의 향이 코끝을 자극한다. 참으로 감동스러웠고, 오랜 그리움이 해소되는 순간이었다. 열흘 뒤에 다시 가 보니 결실이 되어 있었다.

백작약과 참작약은 꽃이 모두 흰색이어서 비슷해 보이지만 자세히 보면 차이가 난다. 백작약은 암술대에 털이 없어 매끈하지만, 참작약은 암술대에 보송보송 털이 나 있다. 꽃이 없을 때는 잎으로도 구분이 가능하다. 줄기 끝 부분이 작은 잎 3장으로 되어 있으면 백작약이고, 끝 부분에 잎 1장이 있으며 그 잎이 2~3갈래로 깊게 갈라지면 참작약이다.

산작약은 꽃이 붉으니 금방 알 수 있다. 산작약은 강원도 깊은 산중에나 가야 볼 수 있는 꽃으로, 작약 중에 미모가 가장 출중하다. 아기 주먹만 한 꽃송이, 붉은 꽃잎에 노란색 꽃밥과 연초록 암술대, 암술머리 부분의 붉은 구조물은 감탄을 자아내게 한다.

1 참작약
2 참작약 겹꽃
3 참작약 결실
4~5 백작약
6~7 산작약

165

갯봄맞이 · 봄맞이

봄 꽃 마중을
마무리

내가 사는 지역에 다른 곳에서는 볼 수 없는 식물이 자라고 있다면, 분명 복 받은 것이다. 틈날 때마다 현장에 가서 한살이를 관찰할 수 있으니 말이다. 내게는 날개현호색과 갯봄맞이가 그런 대상이다. 특히 포항의 갯봄맞이 자생지에서는 흰색 꽃까지 발견되어 유명세를 타기도 했다.

갯봄맞이는 이름처럼 짠물이 드나드는 갯가에 자란다. 일반 식물은 바닷물에 노출되면 역삼투현상이 일어나 수분이 빠져나가 말라 죽는다. 그런데 갯봄맞이는 염분을 저장하는 기능이 발달되어 있거나 물만 이용하고 염분은 배출하는 기능을 갖춘 듯하다. 이런 식물을 염생식물이라고 한다.

포항 바닷가 갯봄맞이가 자라는 곳에는 지채도 많다. 갯봄맞이가 중간에 터를 잡고 있으면 그 주변을 지채가 에워싼다. 지채는 잎이 가늘고 윤기가 있으며 꽃줄기도 곧게 뻗는다. 이 지채가 아름다운 갯봄맞이를 보듬어주면서 잘 살아가고 있었는데 몇 년 전부터 많은 사람들이 들락거리면서 공존의 틀이 무너지게 되었다. 예쁜

1 갯봄맞이 2 갯봄맞이(분홍색과 흰색) 3 갯봄맞이(흰색) 4 갯봄맞이 흰색 열매 5 봄맞이꽃
6 봄맞이꽃 결실

갯봄맞이에 눈이 먼 이들이 지채를 깔아뭉개 초토화했다. 지채가 훼손되니 갯봄맞이도 초라해 보인다.

갯봄맞이와 봄맞이는 같은 과에 속하고, 이름이 비슷해 생김새가 비슷할 것 같지만 닮은 구석이 거의 없다. 갯봄맞이 잎은 갯가 식물답게 다육질이고, 잎겨드랑이에서 꽃이 핀다. 꽃잎과 수술대는 연붉은색이며 5개이고, 암술대와 씨방은 꽃잎보다 약간 더 붉다. 그런데 흰색 꽃은 씨방만 연초록색이고 꽃잎과 암술대, 수술대 모두 흰색이다.

내륙의 길가, 밭둑, 논둑, 야산 입구 등지에 피어나는 봄맞이는 꽃은 꽃받침이 그리 크지 않으며 꽃 안쪽에 노란 무늬가 있고, 암술과 수술은 안에 숨어 있어서 잘 안 보인다. 잎은 뿌리에서 나며 긴 털이 많아 손으로 만지면 느낌이 부드럽다. 결실하면 꽃일 때보다 꽃받침 5개가 좀 더 길게 자라 초록별을 땅 위에 뿌려 놓은 것처럼 아름답다.

봄맞이보다 꽃이 훨씬 작은 애기봄맞이도 있다. 꽃이 눈곱만해 자세히 보지 않으면 꽃인지도 모를 정도다. 잎은 뿌리에서 퍼져나지만 봄맞이와 달리 털이 거의 없고 좀 더 길쭉하다.

갯봄맞이나 봄맞이, 애기봄맞이는 다 같이 앵초과에 속하며, 이름처럼 이른 봄에 꽃이 피어 봄을 마중할 듯하지만, 모두 봄의 절정기나 봄이 끝날 무렵에 꽃이 핀다. 그래서 봄맞이를 관찰하고 나면 "이제 봄이 끝났구나. 여름꽃 맞을 준비를 해야지"라고 생각하게 된다.

여름꽃
산책

피뿌리풀

침탈의 역사를
간직한 꽃

　　피뿌리풀은 특산식물이 아니면서도 우리나라에서는 제주도에만 자생한다. 피뿌리풀은 대표적인 북방계 식물로 만주, 몽골, 시베리아 등지에서 자생하는데 어떻게 제주도까지 왔을까? 그것도 한라산도 아닌 나지막한 오름에서 말이다. 이 꽃의 제주 유입은 고려시대의 삼별초 항쟁까지 거슬러 올라간다.

　　삼별초는 원래 최우에 의해 만들어진 최 씨 정권을 보위하기 위한 야별초라는 사병집단에서 시작되었다. 대몽항쟁을 거치며 규모가 커져 좌별초, 우별초로 나누어진 뒤에 몽골군에 징벌되었다가 탈출해 돌아온 사병을 중심으로 구성된 신의군이 더해지면서 삼별초로 재편되었다. 고려군의 정예로서 대몽항쟁의 첨병에 섰으며 최씨 정권의 무력적 기반이었다.

　　고려는 몽골에 항전하기 위해 조정을 강화도로 옮기고 주력군인 삼별초의 보위를 받으며 40년 동안 버텼다. 몽골군의 주력은 기마병으로 육상 전투에는 강했지만 해상 전투에는 약해 강화도는 별

1~3 피뿌리풀

탈 없이 지낼 수 있었지만, 내륙에서는 약탈, 파괴, 방화가 이어지면서 농민들의 삶은 초토화되었다. 고려 왕은 친 몽골정책을 펴 백성들이 처한 상황을 해결하고자 했다.

그 결과, 강화도에서 개경으로 다시 돌아와 몽골에 협조적으로 변한 왕족과 몽골에 협조하면 속국이 될 수밖에 없다는 삼별초군이 대립관계를 형성하면서 서로의 길을 가게 된다. 그러자 몽골군은 강화도로 침입했고, 삼별초는 식량과 군사, 무기를 1,000여 척의 배에 싣고 강화도를 빠져 나와 70여 일을 항해한 끝에 진도에 도착했다. 진도에서 진지를 구축하고 9개월 간 항전했지만, 1271년 5월에 삼별초군이 황제로 옹립했던 왕온과 태자 왕환이 몽골군에 의해 처참히 살해되며, 대부분 전멸하고 삼별초의 일부는 진도를 떠나 제주도에 정착하게 되었다. 그들을 마지막으로 토벌하면서 몽골군과 많은 말들이 제주도에 들어오게 되었다.

삼별초를 마지막으로 정벌한 해가 1273년으로 그 해 몽골은 제주도에 탐라총관부를 설치하고 몽골 령에 포함시켜 1300년까지 실질적으로 지배했다. 탐라총관부의 주 역할은 목마장 경영이었다. 다루가치가 탐라총관부로 부임하면서 말 160필을 들여오며, 제주도는 거대한 목마장으로 변하기 시작했다. 이 과정에서 몽골에는 흔한 피뿌리풀 씨앗이 들어온 것으로 보고 있다. 제주도의 조랑말과 피뿌리풀은 아픈 역사의 부산물이었던 것이다.

암매

풀 같이 생긴
키 작은 나무

우리나라에는 멸종위기 I 급에 해당하는 식물이 9종 있다. 암매, 광릉요강꽃, 섬개야광나무, 만년콩, 풍란, 나도풍란, 죽백란, 한란, 털개불알꽃이다. 이 중에 만년콩과 암매는 제주도에만 자생한다.

암매는 우리나라에서는 한라산에서만 관찰할 수 있고 전 세계적으로도 아주 희귀한 식물이다. 풀처럼 보이지만 나무이며, 키도 2~3㎝ 밖에 안 되어 키가 가장 작은 나무로 알려져 있다. 바람이 강하고 습기가 많은 바위 위에 자라는 상록성반관목으로 매화와 비슷하게 생겨서 바위에 피는 매화라는 의미에서 암매라는 이름이 붙었으며, 돌매화나무라고도 부른다.

줄기는 옆으로 기면서 자라며, 길이 1㎝ 내외인 잎이 촘촘히 달린다. 겨울에는 고산지대의 한파를 온몸으로 이겨내다 보니 잎이 적갈색으로 변하고 투박한 가죽처럼 된다. 날이 풀려 봄이 다가오면 잎은 차츰 초록색으로 변한다. 5월 말 혹한을 견뎌 낸 암매는 아

1~3 암매(6월 초) **2** 암매(5월 말)

름다운 꽃을 피운다. 지름 15㎜ 정도의 꽃이 가지 끝에 한 송이씩 달리며, 흰색 혹은 연붉은색인 통꽃으로 꽃잎이 5갈래로 갈라진다. 암술 1개, 수술은 5개 있다.

2005년 5월 31일. 암매를 보려고 산행을 계획했다. 왕복 11시간 정도가 필요했다. 동호회의 제주도 회원이 시기가 조금 이르다고 했지만 쉽게 올 수 없는 곳이어서 꼭 가보고 싶다고 사정하니 몇 분이 동행해주어 암매를 볼 수 있었다. 꽃이 딱 한 송이만 피어 있어서 아쉬움이 많았다. 활짝 핀 장면들은 제주도의 회원이 6월 초에 다시 가서 찍은 것을 보내 준 것이다.

한라산 정상 가파른 절벽에서 한여름에는 운무와 어울리고, 한겨울에는 한파와 싸우며 꿋꿋하게 자리를 지키는 암매와 다시 만날 날을 고대한다.

닭의난초 · 청닭의난초

산모퉁이의
양계장

어떤 부분이 닭과 닮았을까? 꽃이 닭의 입 모양을 닮았다고도 하고, 닭의 벼슬을 닮았다고도 한다. 꽃을 자세히 보니 닭이 입을 벌리고 '꼬끼오' 홰를 치는 모양 같기도 하고, 닭의 벼슬을 닮기도 했다. 무엇보다도 꽃송이 자체가 닭의 머리를 닮았다. 그래서 닭의난초다.

닭의난초는 남방계 식물로 중부 이남에 자생하며 꽃이 크고 수려해 많은 이들로부터 사랑받고 있다. 청닭의난초는 주로 중북부 지방에 자생하는 북방계 식물로 닭의난초와는 달리 꽃이 녹색이다. 닭의난초도 군락으로 피기는 하지만 흔하게 볼 수 있는 개체는 아니다. 청닭의난초는 그 이상으로 희귀한데, 지인의 안내로 멋진 군락의 모습을 볼 수 있었다.

최근에 동해안 솔밭에 자생하는 '갯청닭의난초'라는 개체에 대한 이야기가 있었다. 청닭의난초와 어떤 차이가 있는지 알아보려, 안동에 들러 청닭의난초를 살피고, 동해안 솔밭에서 갯청닭의난초를 살펴 둘을 비교했지만 아무리 다른 구석을 찾으려 해도 찾을 수가 없었다.

1~3 닭의난초 4~5 청닭의난초(해안)

나도제비란 · 제비난초
제비난초 닮은 구석 하나 없는
나도제비란

어디가 제비난초를 닮아서 나도제비란이라고 했는지 꽃, 줄기, 잎 등을 요모조모 살펴봐도 도무지 연상되는 부분이 없다. 대부분 도감에는 나도제비란의 특징만 설명할 뿐, 왜 나도제비란인지에 대한 언급은 없다. 유일하게 최근 난초도감을 펴낸 이경서 선생의 한국의 난초에만 '나도'는 '~과 비슷한'의 의미로 "제비난초와 비슷해 나도제비란이라고 한다."라고만 언급했다. 물론 어느 부분이 어떻게 닮아서 나도제비란이라고 하는지에 대한 설명은 없다. 추적해 올라가보니 1957년에 고 정태현 박사가 처음 나도제비란이라는 이름으로 발표했고, 이어 고 이영노 박사가 1976년도에 오리난초로 발표했으나 이영노 박사의 도감에도 나도제비란으로 표기되어 있다.

제비난초는 꽃이 완전히 피었을 때의 모습이 제비가 하늘로 날아오르는 듯한 모양이다. 그런데 나도제비란은 키도 훨씬 작은 것이 잎도 달랑 1장만 달고 꽃대 하나에 보통 2송이 정도의 분홍색 꽃

나도제비란

1 나도제비란 2 제비난초

을 피운다. 제비난초와는 일면도 닮은 점이 없는데 나도제비란이라
는 이름을 달고 있는 것이 너무 아쉽다.

나도제비란*Orchis cyclochila*은 우리나라에 1속 1종뿐인 식물이다. 난
초는 보통 입술꽃잎이 3개로 갈라지는 특성이 있는데, 나도제비란
은 입술꽃잎이 갈라지지 않고 둥그스름하며 안쪽에 붉은색 반점이
찍혀 있다. 옆에서 보면 흡사 오리가 만나서 반갑다고 입을 벌리고
꽥꽥 소리를 지르며 인사하는 모습 같기도 하고, 손을 내밀어 악수
를 청하는 것 같기도 하다.

창포 · 석창포 · 꽃창포

단오와
창포 이야기

24절기에 포함되지 않지만 중요하게 여기는 날들이 있다. 설날, 한식, 단오, 삼복, 추석이 대표적이다. 설날은 음력 1월 1일로 원단元旦, 세수歲首, 신일愼日이라고도 하며, 여기서 신愼은 삼간다는 뜻으로 경거망동을 삼가는 날이란 의미다. 새해 첫날에 삼가 근신해서 1년 동안의 액운을 가까이 하지 않으려 했던 것 같다. 한식寒食은 한자 그대로 차가운 음식을 먹는 날로 동지로부터 105일이 지난 날을 한식으로 정했다. 그러니 대략 식목일 전후가 된다. 한식 때는 사당이나 조상의 묘에 간단히 제사를 지낸다.

단오端午는 음력으로 5월 5일이다. 더운 여름을 맞이하기 전, 모내기를 끝내고 풍년을 기원하는 날이다. 이날 남자들은 그네뛰기나 씨름, 탈춤, 가면극 등의 놀이를 즐기며, 여자들은 창포물에 머리를 감는다. 삼복은 양력 7~8월에 있는 초복初伏 · 중복中伏 · 말복末伏을 말한다. 낮의 길이가 가장 긴 하지로부터 삼경이 지나면 초복이 되고, 사경이 지나면 중복이 되며 말복은 입추로부터 첫 번째 경일

1~3 창포 4 꽃창포 5 석창포

석창포

에 해당하는 날이니, 삼복은 가장 무더운 시기에 10일 간격으로 나타난다. 추석은 음력 8월 15일로 중추절中秋節 또는 한가위라고도 한다. 한해 농사를 끝내고 오곡을 수확하는 시기로 명절 중에서도 가장 풍성한 때다. 햇곡식으로 다양한 음식을 장만해 차례를 지내면서 선조에게 예를 표한다.

단오에 창포물로 머리 감은 이야기를 하려던 것인데 사설이 너무 길었다. 단오를 대표하는 식물이 창포다. 창포는 깨끗하고 오래된 저수지 가장자리나 개울가, 도랑 등지에 자생하는 여러해살이풀이다. 일본이나 중국, 러시아를 포함해 우리나라 전역에도 자생하는데, 지금은 야생에서 아주 희귀한 식물이 되었다.

　대구 팔공산 깊은 숲의 오래된 저수지에서 만난 창포 잎을 잘라 코끝에 대어보니 아주 향긋한 냄새가 머리를 맑게 해주었다. 옛 여인들은 이 잎을 잘라서 물에 담가 두거나 끓인 뒤 식혀서 그 물에 머리를 감았다. 두피와 머릿결을 보호해 주기 때문이다. 또 창포 뿌리로 비녀를 만들어 머리에 꽂으면 액운을 멀리할 수 있고, 복과 장수를 가져다준다는 이야기가 있는 것을 보면 옛 여인들이 창포를 애용했던 듯하다.

　창포는 잎이 아주 길게 자라고 주맥이 뚜렷하다. 꽃대는 잎과 같이 6월경에 비스듬히 나오며 연노란색 꽃이 이삭꽃차례로 아주 많이 달린다. 창포 비슷한 석창포도 있으며, 강가 바위틈에 자란다. 전체적으로 비슷하게 생겼지만, 꽃과 잎의 크기가 확실히 작고 잎에 주맥이 없다. 또한 창포는 겨울이 되면 잎이 말라 흔적만 남고 사라지지만, 석창포는 겨울에도 푸른 잎이 그대로 남아 있다.

　이름이 비슷한 꽃창포도 있는데 창포, 석창포와는 전혀 다른 붓꽃과 식물이다.

갈매기난초 · 흰제비란 · 제비난초 · 넓은잎잠자리란
하늘산제비란 · 산제비란
비상하고픈
제비난초속 식물

보통 남방계 식물이라 하면 열대, 아열대, 온대지방
에 자생하는 식물을 말한다. 우리나라에서는 더운 지방이 고향이면
서 제주도와 남부 지방 및 섬에 집중적으로 분포하는 식물을 남방
계 식물로 볼 수 있다. 갈매기란도 남쪽이 고향인 남방계 식물인데,
제주를 비롯해 경상남도 지리산, 강원도 금대봉 및 영월에 자생한
다. 강원도 영월은 자생지를 확인해보니 금대봉보다도 더 북쪽이다.

갈매기란은 제비난초속 식물이다. 전 세계에 200여 종이 있으며,
우리나라에는 갈매기란, 흰제비란, 고산제비란, 제비난초, 넓은잎잠
자리란, 나도잠자리난초, 구름제비란, 애기제비란, 산제비란, 하늘
산제비란 10종6종 4아종이 기록되어 있다.

제비난초는 꽃이 좀 크고 화려한 편이다. 옆으로 펼쳐진 곁꽃받
침이 날개를 펼친 제비를 떠오르게 하고, 입술꽃잎은 아래로 늘어
지며 갈라지지 않고 좁다. 꽃 수십 송이가 이삭꽃차례로 달린 모양

이 창공을 나는 제비들의 화려한 군무 같다.

흰제비란은 꽃이 제비난초를 닮았다고 해서 붙여진 이름이다. 제비난초와는 달리 꽃이 완전한 흰색이다. 꽃 가까이 다가가면 난초 고유의 진한 향이 코끝을 자극한다. 넓은잎잠자리란넓은잎나도잠자리란은 꽃이 무척 작고 잎은 꽤나 넓어 전체 모습을 담기가 만만치 않았다. 꽃은 노란빛을 띤 녹색으로 핀다. 그리고 산제비란과 하늘산제비란은 다 같이 아종으로 꿀주머니가 땅으로 향하는가, 하늘로 향하는가에 따라 구분되며, 땅을 향하는 산제비란은 백두산에서 한 번 본 적이 있다. 하늘산제비란은 이곳저곳에서 많이 보인다.

1 갈매기난초
2 흰제비란
3 제비난초
4 넓은잎잠자리란
5 하늘산제비란
6 산제비란

참기생꽃

매창도 황진이도
울고 간다

6월의 태백산 숲속은 진한 푸름을 품고 있었다. 관목과 교목들이 적당히 어우러져 등산로에 그늘을 만들어 주고는 있지만 연신 흘러내리는 땀이 온몸을 적신다. 산등성이에 올라서니 시원한 바람이 맺힌 땀방울을 날려준다. 능선에서 한 30분 정도 더 올라가야만 참기생꽃을 꽃을 만날 수 있다.

좀 더 걸어 능선에 이르니 두루미꽃 주변에 하얀 꽃들이 바람에 온 몸을 맡기고 있다.

"네가 그렇게 보고 싶어 했던 참기생꽃이구나. 낭창낭창한 너를 보면 그 유명한 매창과 황진이도 반하고 말았을 것 같다."

참기생꽃의 맵시와 고상함을 더 논해보았자 헛수고란 생각이 들어 그저 하염없이 참기생꽃을 바라보다 내려왔다.

1 참기생꽃 2 참기생꽃과 두루미꽃 3 참기생꽃 쌍대

쓴풀 · 개쓴풀 · 자주쓴풀 · 큰잎쓴풀 · 네귀쓴풀 · 대성쓴풀

쓴풀이라는
이름을 가진 식물

　　　우리나라에 쓴풀속 식물은 8종이 있다. 그중 3종은 북한에 있고, 5종은 남한에 자란다. 대성쓴풀속 1종을 포함해 용담과에 쓴풀이라는 이름이 붙은 식물이 6종 있다.

　쓴풀은 전국에 분포하며 척박한 토양, 빛이 잘 드는 곳에서 나지막이 자라며 아담하게 꽃을 피운다. 용담 종류보다 10배 정도 더 쓴 맛이 나 쓴풀이라는 이름이 붙었다는데 어째 나는 한 번도 맛볼 생각을 못했다. 이름과 달리 예쁜 꽃에 정신을 빼앗겨서 그랬을 텐데 다음에는 꼭 그 맛을 보아야겠다.

　개쓴풀은 쓴풀과 비슷하게 생겼으나 키가 좀 더 크고 , 잎도 좀 더 길며 넓다. 그리고 암술과 수술 사이에 길고 꼬부라진 털이 빽빽하게 난다. 쓴풀은 곧고 짧은 털이 있어 구별된다. 얼마 전까지는 쓴풀이 중부 이남 지역에만 자생하는 것으로 알려져 있었는데 최근 아마추어 동호인들의 활약으로 중부 이북에도 자생하는 것이 확인되었다.

개쓴풀 자생지는 한동안 전라도 지역에만 있는 것으로 알려져 있었다. 그래서 2010년 동호인들의 안내를 받아 전라도의 자생지에서 개쓴풀을 보았는데, 이듬해 학생들을 인솔해 경주로 체험학습을 갔다가 우연히 개쓴풀을 만났다. 이로써 경상북도에도 개쓴풀 자생지가 확인된 것이다.

자주쓴풀은 꽃이 연한 자주색이라서 붙여진 이름이며, 쓴풀속 식물 중에 꽃이 가장 크고 화려하다. 위쪽으로 올라갈수록 잎겨드랑이에서 가지가 많이 갈라지고 그 가지마다 꽃을 피우기 때문에 꽃이 풍성하게 달린다. 보통 자주쓴풀은 꽃받침이 꽃잎보다 작거나 같은데, 강원도에 자생하는 자주쓴풀의 경우에는 꽃받침이 꽃잎보다 2배 정도 긴 것도 있다.

큰잎쓴풀은 1996년 이전까지 중국과 북한의 백두산, 무산, 개마고원 등지에 자생하는 북방계 식물로, 남한에는 자생하지 않는 것으로 알려졌다. 그러다가 1996년에 현진오 박사가 설악산 식물상을 조사하면서 발견해 남한 자생이 확인되었으며, 그 이후 삼척에서도 발견되어 현재 남한에서는 두 곳의 자생지가 알려졌다. 큰잎쓴풀은 다른 쓴풀 종류에 비해 잎이 조금 넓고, 꽃이 자색으로 피며 꽃잎 안쪽에 진한 반점이 있거나 없다. 잎이 넓어 큰잎쓴풀이라는 이름이 붙었다. 꽃은 8~9월에 피어나며 꽃잎은 보통 4장이나 가끔 5장인 개체도 관찰된다.

쓴풀 중에 가장 예쁜 식물이 네귀쓴풀이 아닐까 싶다. 꽃잎 4장

1 쓴풀 2~3 개쓴풀(경북) 4~5 큰잎쓴풀 6~7 자주쓴풀 8~9 네귀쓴풀 10 대성쓴풀

은 흰색으로, 끝 부분이 둥그스름하며, 꽃잎마다 푸른색 반점이 선명하게 물들어 있어 도자기에 청색 물감을 방울방울 떨어뜨려 놓은 듯하다. 도자기에 이 꽃문양을 넣으면 아주 멋진 도자기가 될 것 같다. 네귀쓴풀은 한라산, 지리산, 영남알프스, 설악산 등 높은 산 정상 주변에 드물게 자라는 꽃이어서 발품을 팔아야만 만날 수 있다.

대성쓴풀은 이들과 다른 대성쓴풀속에 속한다. 북방계 식물인데도 북한에서는 아직 실체가 밝혀지지 않았는데, 남한 태백 근처에 자생한다는 사실이 신기하다. 1984년 강원대학교 생물학과 교수로 재직하던 이우철 교수가 금대봉 자락에서 처음 발견해 대성쓴풀이라는 이름을 붙였다고 한다. 금대봉에서 처음 발견했는데 왜 금대쓴풀이라고 하지 않고 대성쓴풀이라고 이름 붙였을까? 당시 환경부와 일부 학자들은 현재의 금대봉을 대성산이라고 불렀단다. 그런데 태백지역의 주민과 산악인들은 금대봉이라고 불러왔고, 그것이 인정되어 금대봉으로 원래의 이름을 되찾게 된 것이다. 산 이름은 바뀌었는데 대성쓴풀의 이름은 그대로이다.

땅나리 · 솔나리 · 중나리 · 털중나리 · 하늘나리 · 날개하늘나리
하늘말나리 · 누른하늘말나리 · 섬말나리 · 말나리 · 참나리

뜨거운 태양을 즐기는 꽃들

가을꽃의 백미가 들국화라고 불리는 구절초, 쑥부
쟁이 종류라면, 여름꽃의 백미는 단연 나리꽃이라고 할 만하다. 백
합과 백합속에 속하는 이들은 여름철 야트막한 산과 높은 산, 계곡
주변, 그리고 바닷가 인근 언덕배기 할 것 없이 빛이 잘 드는 곳이면
장소를 가리지 않고 피어난다. 백합은 향기가 진한 것이 특징으로,
야생의 것도 코를 가까이 하면 현기증이 날 정도로 향기가 짙다.

백합속 식물은 크게 두 종류, 잎이 마주나는 종류와 돌려나는 종
류로 나눌 수 있다. 잎이 마주나는 종으로는 참나리, 땅나리, 솔나
리, 큰솔나리, 중나리, 털중나리, 하늘나리, 날개하늘나리가 있고, 잎
이 돌려나는 종으로는 말나리, 하늘말나리, 누른하늘말나리, 섬말나
리가 있다. 즉 말나리라는 이름이 들어가면 잎이 모두 돌려나는 종
들이다.

잎이 마주나는 나리 중에 꽃이 가장 작은 나리가 땅나리다. 꽃이
오백 원짜리 동전만 하며, 이름처럼 땅을 보고 피어난다. 7월 초 무

더위가 기승을 부리기 시작할 즈음 저지대의 빛이 잘 드는 묘지 주변이나 야산 언덕배기에 아주 진하고 맑은 붉은색 꽃이 줄기 끝에 조롱조롱 달린다. 꽃이 20송이 이상 피어난 개체도 볼 수 있으며, 작지만 꽃잎을 완전히 뒤로 말아 올려 무척 화려하다. 꽃봉오리일 때에는 솔나리와 매우 비슷해 헷갈리는 경우도 있으나 솔나리 잎이 소나무의 잎처럼 더 가늘고 길어 구별된다.

나리 종류 중에서 가장 아름다운 꽃이 무엇이냐고 물으면 십중팔구는 솔나리라고 대답한다. 연분홍 꽃잎을 뒤로 제치고 암술과 수술을 드러내어 고고하게 향기를 날리는 솔나리의 아름다운 자태는 누구나 반하고 말게 한다.

큰솔나리는 잎이 솔나리처럼 아주 가늘고 길며, 꽃이 땅나리처럼 붉고, 땅을 쳐다보고 자란다. 충청북도 괴산, 충주, 제천 쪽에 있는 것으로 알려져 있으나 최근 20년 가까이 이 식물을 본 사람이 없다고 하며, 백두산으로 탐사 가는 사람들만 가끔씩 만나고 있다.

중나리는 조금 희귀한 축에 속한다. 태양이 작열하는 여름 어느 날 소백산 정상에서 중나리를 만났다. 지금까지 만난 나리 종류가 11종인데 그중 가장 늦게 만난 것이 중나리다. 소백산 정상을 오르는 길은 여러 갈래가 있다. 충청북도 단양에서 시작되는 코스가 있고, 경상북도 영주 내지 풍기에서 시작되는 코스가 있다. 물론 단양과 풍기 쪽에서 소백산 정상 비로봉으로 오르는 길도 다양하다.

가장 무난한 길이 단양 천동리 계곡에서 비로봉으로 오르는 코

1~2 땅나리 3 솔나리 4 중나리

스로, 경사가 완만하고 식생도 다양해 많은 꽃을 볼 수 있다. 내가 중나리를 보기 위해서 선택한 코스는 비로사와 희방사에서 오르는 길로, 거리는 짧지만 그만큼 가파르다. 중나리는 참나리와 비슷한 면이 있지만 꽃이 참나리보다 작고 적게 달리며, 잎겨드랑이에 주아가 없어 구별할 수 있다.

털중나리는 나리 종류 중 가장 일찍인 6월부터 꽃이 피기 시작한다. 이름처럼 줄기에 털이 많은 것이 특징이다. 중나리는 꽃잎 안쪽의 검은 반점이 선명하고 크며 꽃잎 끝까지 있는 반면, 털중나리는 검은 반점이 그리 선명하지 않고 꽃잎 끝 부분에는 반점이 없는 것도 차이다. 털중나리는 야산 언덕배기를 비롯해 경상남도 황매산과 같은 고산 정상부에 이르기까지 1,000m 이하의 산 이곳저곳에서 다양하게 볼 수 있다.

꽃이 하늘을 보고 피고 잎이 어긋나면 하늘나리다. 붉디붉은 꽃이 태양을 즐기면서 피어난다. 날개하늘나리는 북방계 식물로 충청도 덕유산까지 내려와 있는 식물로 알려져 있었지만, 2008년 경상북도 보현산에서 '다향'이란 아이디를 쓰는 동호인이 발견해 나도 보게 되었다. 날개하늘나리의 특징은 꽃이 황적색이고 꽃잎 안쪽에 반점이 발달했으며 하늘을 향해 피면서 줄기에 약하게나마 날개가 있는 것이다.

이제 잎이 돌려나는 것들을 살펴보자. '말나리'라는 이름이 붙은 것은 전부 여기에 해당한다. 말나리는 잎이 돌려나면서 꽃이 옆으

1 털중나리
2 하늘말나리
3 날개하늘나리
4 누른하늘말나리
5 섬말나리
6 말나리
7 하늘나리

로 피고, 특히 아래쪽 꽃잎 두 장이 '大' 자 모양으로 벌어져 있다. 하늘말나리는 꽃이 하늘을 향하면서 아래쪽에 잎이 돌려나고, 그 위쪽으로 꽃이 있는 부분까지 드문드문 잎이 어긋난다. 하늘말나리의 품종으로 누른하늘말나리*Lilium tsingtauense for. flavum (Wilson) T.B.Lee*가 있으며, 꽃 색이 노란색에 가깝다.

섬말나리는 우리나라에서는 울릉도에만 자생하며 황색 꽃이 옆을 향해 피고, 꽃잎 안쪽에 검은색 반점이 점점이 찍혀 있다. 꽃잎 안쪽에 검은 색 반점이 없는 것을 민섬말나리라고 해 섬말나리의 품종으로 구분하기도 한다. 잎은 2~4층으로 돌려난다.

나리 종류 중에서 가장 흔하게 볼 수 있는 종이 참나리다. 강이나 등산로 주변, 해안가, 고택 등 장소를 가리지 않고 빛이 잘 드는 장소라면 자란다. 꽃이 가장 크고 많이 달리며, 잎겨드랑이에 주아가 있고, 줄기에 털이 있어 중나리와 구별된다.

참나리를 가장 인상 깊게 만난 곳은 울릉도다. 울릉도 해안가에는 어디를 가나 참나리가 바다와 어울려 피어 있다. 울릉도 도동에서 도동 등대가는 길 해안가 절벽은 전체가 참나리 군락이다. 울릉도에서는 과거에 이 참나리를 '개나리' 라고 불렀으며, 섬말나리를 참나리로 불렀다. 춘궁기 시절 기근에 허덕였던 주민들은 뭐라도 먹을거리를 찾아야 했는데 흐드러지게 피어나는 참나리가 아무 짝에도 쓸모가 없어 '개나리'라고 했단다. 반면에 섬말나리는 뿌리를 캐어 먹을 수 있어서 '참나리'로 불렀다고 한다. 울릉도 천부 쪽 분

지에 엄청 많은 섬말나리 군락이 있어, 그 분지의 지명이 바로 나리
분지다.

참나리

수정난풀 · 나도수정초 · 구상난풀 · 너도수정초

광합성을 못하는
부생식물

엽록체가 없어 스스로 광합성을 하지 못하고 주변의 영양분을 섭취하며 살아가는 식물이 있다. 일명 부생식물로 노루발과 수정난풀속의 수정난풀, 나도수정초, 구상난풀, 너도수정초 등이 그렇다. 모두 여러해살이풀이며 음지의 낙엽 속에서 자란다.

덩어리 같은 뿌리에서 흰색 및 황갈색 꽃줄기가 자라고 비늘 모양인 잎이 어긋나며 봄에서 여름에 걸쳐 꽃줄기와 같은 색 꽃이 한 송이씩 달린다. 땅에서 꽃줄기를 밀어 올릴 때는 고개를 숙이고 있다가 시간이 지나면 수평으로 펼쳐지고 수정이 완료되어 열매를 맺으면 하늘을 향한다. 고개를 땅으로 숙이고 있을 때는 갓 태어난 아기 같고, 고개를 수평으로 들면 결혼 적령기의 처녀총각이 두리번거리며 짝을 찾는 듯하다. 수정 뒤 열매를 맺고 고개를 빳빳이 들었을 때는 마치 세상에 태어나서 자신의 할 일을 다 했다고 대견스러워하는 듯하다.

진짜 수정 같이 맑은 꽃대를 지닌 것은 수정난풀이 아니라 나도

나도수정초

1 수정난풀 2 구상난풀 3 너도수정초

수정초다. 백옥같이 흰 나도수정초는 암술대가 푸른빛을 띠고 있어 눈이 파란 외눈박이 외계인 같기도 하다. 암술대가 연한 갈색인 수정난풀과 확연히 다르다. 꽃이 피는 시기는 나도수정초는 5월, 수정난풀은 7~8월이다.

구상난풀*Monotropa hypopithys* L.과 너도수정초*Monotropa hypopithys var. glaberrima* Hara의 학명을 보면 너도수정초가 구상난풀의 변종이란 것을 알 수 있다. 구상난풀의 변종이라면 너도수정초보다는 '너도구상난풀'이 더 어울리는 이름이 아닐까 싶다.

구상난풀은 주로 제주도와 남부지방에 자생하며 전체가 연한 노란색 또는 황색으로 꽃대 하나에 꽃이 여러 송이 달리고 잔털이 있으며, 암술대가 씨방보다 길다. 너도수정초는 털이 없으며 암술대가 씨방보다 짧아 두 종을 구별할 수 있다.

대구돌나물 · 돌나물 · 말똥비름 · 땅채송화 · 바위채송화

잎이 도톰하고
낮게 자라는 풀꽃

돌나물과 식물은 하나같이 잎이 두툼해 저수 능력이 뛰어나다. 그래서 습기가 부족한 환경에서도 터를 잡고 잘 살아간다. 멸종위기종인 대구돌나물을 비롯해, 돌나물, 말똥비름, 땅채송화, 바위채송화를 살펴보자.

지난 해 양산에서 대구돌나물을 무더기로 보고 이렇게 흔한 종이 왜 멸종위기종으로 지정되었을까 의아해 한 적이 있다. 알고 보니 전국적으로 보면 자생지가 몇 곳에 한정되어 있기 때문이란다. 대구돌나물 꽃은 피어 있는지도 모를 정도로 아주 작다. 꽃잎 길이 1.5㎜, 꽃 지름은 3~4㎜ 밖에 안 된다. 미색에 가까운 꽃잎은 4장이며, 잎겨드랑이에서 한 송이씩 핀다. 열매는 골돌로 4개씩 달리며 골돌 하나에 씨앗이 10개씩 들어 있다. 뾰족하고 도톰한 잎은 마주난다. 키도 2~6㎝로 매우 낮게 자란다.

봄에 입맛이 없을 때 돌나물 무침이 그만이다. 돌나물은 밭둑, 논둑 등 장소를 가리지 않고 잘 자란다. 석상채石上菜라고도 불리는

걸 보면 바위틈에서도 잘 자라는 게 분명하다. 4월 말에서 5월 초에 연한 돌나물을 초장에 무쳐 먹거나, 물김치로 담가 약간 삭혀서 먹으면 쌉싸래한 것이 입맛을 돌게 한다. 돌나물은 피를 맑게 하고, 혈액 순환을 좋게 하며 해독과 간염 등에 효과가 있다고 알려져 있다. 말똥비름은 돌나물과 거의 비슷하게 생겼는데, 돌나물에 비해 가지를 많이 치며, 잎이 주걱 모양인 점이 다르다.

땅채송화와 바위채송화도 돌나물과에 속한다. 땅채송화는 꽃잎이 5장이고, 별 같은 노란 꽃이 피며, 잎이 작고 동글동글하다. 바닷가 돌 틈 사이 그리고 모래땅 등지에 많이 자란다. 바위채송화도 꽃잎은 5장이며, 노란 별 모양 꽃이 피지만 잎이 가늘고 길어 땅채송화와 구별된다. 습기가 있는 야산 바위틈에서 잘 자란다.

1 대구돌나물 2 돌나물 3 말똥비름 4~5 땅채송화 6 바위채송화

싱아

박완서가 찾았던
그 싱아

박완서 선생의 소설 《그 많던 싱아는 누가 다 먹었을까?》를 처음부터 끝까지 정독했다. 선생의 소설을 좋아해서이기도 하지만, 식물 이름이 제목에 붙으니 더 호감이 갔다. 어느 부분에서 싱아를 묘사하고 있는지 궁금했다. 그 부분은 아래와 같다.

아카시아 꽃도 처음 보는 꽃이려니와 서울 아이들도 자연에서 곧장 먹을 걸 취한다는 걸 알게 된 것도 그 꽃을 통해서였다. 잘 먹는 아이는 송이째 들고 포도송이에서 포도를 따 먹듯이 차례차례 맛있게 먹어 들어갔다. 나도 누가 볼세라 몰래 그 꽃을 한 송이 먹어 보았더니 비릿하고 들척지근했다. 그리고는 헛구역질이 났다. 무언가로 입가심을 해야 들 뜬 비위가 가라앉을 것 같았다. 나는 불현듯 싱아가 생각났다. 우리 시골에선 싱아도 달개비만큼이나 흔한 풀이었다. 산기슭이나 길가 아무 곳에나 있었다. 그 줄기에는 마디가 있고, 찔레꽃 필 무렵 줄기가

1~2 싱아 3 싱아 잎

가장 살이 오르고 연했다. 발그스름한 줄기를 꺾어서 겉껍질을 길이로 벗겨 내고 속살을 먹으면 새콤달콤했다. 입안에 군침이 돌게 신맛이, 아카시아 꽃으로 상한 비위를 가라앉히는 데는 그만 일 것 같았다. 나는 마치 상처난 몸에 붙일 약초를 찾는 짐승처럼 조급하고도 간절하게 산 속을 찾아 헤맸지만 싱아는 한 포기도 없었다. 그 많던 싱아는 누가 다 먹었을까? 나는 하늘이 노래질 때까지 헛구역질을 하느라 그곳과 우리 고향 뒷동산을 헷갈리고 있었다.

박완서 선생은 어릴 적 고향 뒷산에 올라가면 흔하게 만날 수 있었던 식물이 싱아였고, 그것이 신맛이 난다는 것을 경험으로 알고 있었다. 그의 고향은 이북 땅인 경기도 개풍군 청교면 덕적골이다. 여기서 아카시아, 싱아, 달개비, 찔레가 등장한다. 아카시아는 아까시나무, 달개비는 닭의장풀을 말한다. 아까시나무와 닭의장풀, 찔레는 내가 자란 포항에서도 흔히 볼 수 있었지만, 싱아라는 식물은 들어본 적도 없었다.

대체 어떤 식물인지 궁금했고, 야생화를 공부하며 사진과 자료로만 겨우 궁금증을 해소하다가 2010년 7월 보현산에서 우연히 싱아를 보게 되었다. 낯선 식물이 군락을 이루고 있었는데, 이미 사진으로 보아왔기 때문에 싱아일 거란 느낌이 들었다. 사진을 찍어와 도감과 비교해 보니 싱아였다. "그리워하니 만나게 되는구나." 소설을 떠올리며 싱아 사진을 보니 더욱 친근하다.

싱아는 마디풀과 식물로 키가 큰 것은 1m도 훌쩍 넘는다. 마디마다 가지를 치면서 자라고, 마디에서 잎도 나온다. 꽃은 원추꽃차례를 이루며 자잘한 흰 꽃이 많이도 피어난다. 꽃잎처럼 보이는 것은 꽃받침 5장이고 꽃잎은 퇴화되고 없다.

선생은 가고 없지만 덕적골 뒷산의 싱아는 뜨거운 햇살 아래 싱그럽게 피어나 가신님을 그리워 할 것 같다. 참고로 선생이 알고 있었던 것이 실제로는 싱아가 아니라 수영이라는 의견도 있다.

할미밀망 · 사위질빵 · 며느리밑씻개 이야기

마음과 삶을 투영한
정겨운 이름

장모와 사위, 며느리와 시어머니 사이에는 사랑과 시샘이 뒤섞인 묘한 긴장감이 있는 듯하다. 그런 감정이 사위질빵, 할미밀망, 며느리밑씻개 이름의 유래에 반영되어 있다.

할미밀망 줄기는 질겨 잘 끊어지지 않고, 사위질빵은 줄기가 약해서 잘 끊어진다. 그런데 할미밀망 줄기로는 할미에게 질빵을 만들어 짐을 지게 하고, 사위에게는 사위질빵 줄기로 질빵을 만들어 짐을 지게 했단다. 추수할 때 와서 고생하는 사위의 질빵 끈을 잘 끊어지는 것으로 만들어 사위가 짐을 적게 지게 했고, 반면에 할미의 밀망^{질빵}은 단단한 줄기로 만들어 짐을 많이 지게 해서 자기를 고생시켰던 시어머니의 어머니^{할머니}까지도 미워하는 마음을 표현했다는 이야기다. '어미밀망'으로 하지 않고 할미밀망이라 한 것을 보면 시어머니가 밉긴 해도 직접적으로 표현하기는 어려웠나 보다.

반대의 경우로 며느리밑씻개가 있다. 며느리밑씻개는 밭 언저리나 개울가 어디든지 잘 자라는 식물이다. 연분홍 꽃이 새색시의 볼

1 할미밀망 2 사위질빵 3 며느리밑씻개

처럼 홍조를 띤 예쁜 꽃을 피우는데, 그 줄기와 잎에는 갈고리 같은 날카로운 가시가 있다. 아들의 사랑을 빼앗은 며느리를 미워하는 시어머니가 밭일 하다가 볼 일을 보는 며느리에게 연하고 부드러운 풀잎이 아닌 가시가 있는 풀로 밑을 닦게 해 고통을 주었다는 이야기다.

유래에 대한 다른 의견도 있다. 한방에서는 며느리밑씻개를 다양한 부인병 치료에 썼으며, 시어머니가 이 식물을 채취해서 물을 우려내어 며느리의 부인병을 치료해 주었다는 이야기도 있다. 상반된 두 가지 이야기가 전해지는 것을 보면, 시어머니는 며느리를 질시의 대상으로도, 사랑의 대상으로도 여겼다는 것을 알 수 있다. 이렇듯 우리 조상은 주변에서 흔히 보이는 식물에 마음과 삶을 투영했다. 그래서 흔한 풀과 나무가 더 정겨운가 보다.

마타리 · 금마타리 · 뚝갈

바람을
즐기는 꽃

　　경기도 양평에 가면 황순원 문학촌 '소나기 마을'이
라는 곳이 있다. 단편소설 소나기의 배경이 된 마을이란다. 황순원
선생의 단편 〈소나기〉는 시골 소년과 서울에서 휴양차 온 소녀의
순수한 사랑을 그린 작품이다. 소년과 소녀의 대화 중에 마타리라
는 꽃이 나온다.

　"이건 들국화, 이건 도라지꽃"이라고 시골 소년이 이야기한다.

　"도라지꽃이 이렇게 예쁜 줄 몰랐네. 난 보랏빛이 좋아. 그런데
이 양산 같이 생긴 노란 꽃이 뭐지?"라고 소녀가 물어본다.

　"마타리 꽃." 소년이 알려준다.

　소녀는 마타리 꽃을 양산 들듯이 머리 위로 가져가 본다. 소년은
꽃을 한 아름 꺾어와 싱싱한 가지만 골라 소녀에게 건넨다. 마타리
꽃을 양산처럼 받쳐 들고 소년을 향해 해맑게 웃고 있는 소녀의 모
습이 그려진다.

　마타리 꽃은 사랑하는 사람을 포옹하려는 듯이 하늘을 향해 두

1~2 마타리 **3** 금마타리 **4** 뚝갈

팔을 벌리고 서 있다. 흰 구름이 살짝 끼어 있는 높고 푸른 하늘 아래 청초한 노랑 빛깔을 품은 마타리 꽃은 무더위가 기승을 부리는 여름부터 가을까지 야산 어디에서나 흔히 볼 수 있다.

마타리는 줄기가 가늘면서도 높이 자란다. 그렇다고 나약하지는 않다. 아주 강한 바람이 불어도 절대 쓰러지지 않으며 오히려 그 바람을 즐기듯 탄력 있게 흔들린다.

마타리속에는 마타리, 금마타리, 돌마타리, 뚝갈 4종이 있다. 금마타리와 돌마타리는 고산 지대에 자생하는 식물로 비슷해 보이지만 꽃 피는 시기가 전혀 다르다. 금마타리는 5~6월, 돌마타리는 7~9월에 꽃이 핀다. 흰색 꽃을 피우는 뚝갈^{무갈}은 전체적으로 털이 많고, 꽃 색도 달라서 금방 구별할 수 있다.

앞에서는 마타리를 치켜세웠는데 지금은 좀 깎아 내려야겠다. 미인의 칭호를 받았으면 조신하게 행동해 자신의 노란색 혈통을 잘 지켜나가야 되는데 흰색 꽃을 피우는 뚝갈과 눈이 맞아 뚝마타리^{긴 뚝갈이 정식 이름}라는 교잡종을 만들어 놨으니 말이다.

꿩의다리 · 산꿩의다리 · 은꿩의다리 · 금꿩의다리 · 연잎꿩의다리
자주꿩의다리 · 꽃꿩의다리 · 좀꿩의다리

꿩의다리속 식물

꿩은 짧은 거리를 빨리 이동해야 할 때 날기보다 뛰는 쪽을 택할 정도로 다리가 튼튼하다. 그렇다면 꿩의다리속 식물들은 그런 꿩의 다리와 어느 구석이 닮았을까?

꿩의다리는 6월에 높은 산 정상 부근에서 밤하늘에 터지는 폭죽처럼 화려한 꽃을 피운다. 꽃을 아무리 살펴보아도 꿩의 다리와 연관 지을 곳이 없다. 나는 이 식물의 잎에서 꿩 다리와의 연관성을 찾아보고 싶다. 상상이야 자유 아니겠는가. 꿩의다리속 식물은 대부분 작은 잎이 3장이고, 잎의 생김새가 모두 새가 걸어가면서 남겨 놓은 발자국 같다. 작은 잎 하나하나를 보더라도 얕거나 깊게 3갈래로 갈라져 있어서 새의 발 중에서도 강하고 튼튼한 꿩의 발을 닮았다. 그런데 꿩의발이라고 하기에는 꽃이 너무 예뻐 꿩의다리라고 이름 붙인 것은 아닐까?

동호인 이재능씨는 꿩의 머리에서 이 식물의 유래를 찾고자 했다. '다리'라는 말은 걷는 다리와 건너는 다리 외에 가짜 머리라는

1 꿩의다리 2 산꿩의다리 3 은꿩의다리 4~5 꼭지연잎꿩의다리 6 꽃꿩의다리 7 좀꿩의다리 8 금꿩의다리 9 자주꿩의다리 10 꿩의다리아재비 11 연잎꿩의다리

뜻의 우리말이 있으며 여자들이 머리숱을 많아 보이게 하려고 덧대 딴 머리를 '다리'라고 한다. 장끼의 머리 뒤쪽에 있는 장식깃이 이와 같지 않겠냐는 견해다. 아주 멋진 해석이라고 생각한다.

꽃이 피었을 때의 모습이 꽃방석을 떠오르게 하는 꽃꿩의다리는 북방계 식물로 중북부 지역에 자생하는 식물인데 부산의 바닷가에서도 발견된다. 어떻게 이 꽃이 부산까지 내려가게 되었는지 궁금하다. 연잎꿩의다리와 꼭지연잎꿩의다리는 잎에서 차이가 난다. 연잎꿩의다리 잎은 꼭지가 오목하게 들어간 형태이지만 꼭지연잎꿩의다리 잎은 아랫부분이 둥글다는 것으로 구별할 수 있다.

어두운 숲속의 자잘한 흰색 곤봉형 폭죽 산꿩의다리, 보라색 일자형 폭죽 은꿩의다리, 보라색 꽃잎과 황금색 수술이 절묘하게 조화를 이루는 금꿩의다리, 고산 지대에서 안개비와 함께 하면서 송글송글 물방울을 머금고 있는 자주꿩의다리, 자신의 키를 이기지 못해 절벽 위에서 인사하듯 자라는 노란색 좀꿩의다리, 한밤에 펼쳐지는 별들의 우주 쇼도 이만큼 아름다울 수 없을 것이다.

나도승마

백운산 정기 받고
피어난 꽃

식물 이름 중에 '나도' 혹은 '너도'라는 말이 들어가면 어쩐지 좀 촌스럽고 성의가 없다는 느낌을 지울 수 없다. 보통 기본종보다 좀 우월한 지위에 있으면 '나도'를 붙이고, 좀 열악한 위치라면 '너도'를 넣는다. 그러니 우선은 기본종과 연관성이 있어야만 그런 말을 넣는 것이다. 그런데 나도승마는 승마와는 전혀 관계없다. 나도승마는 범의귀과이고 승마는 미나리아재비과이며, 꽃도 전혀 다르다. 그런데 어찌해 '나도'라는 말이 붙었을까? 어느 부분이든 비슷한 부분을 찾기는 해야 하겠는데, 도무지 알 길이 없다.

나도승마는 전 세계에서 우리나라에만 자생하는 한국특산식물이다. 백운산 계곡에서 처음 발견되어 백운승마라 불리기도 했다. 생육 조건이 상당히 까다로워 영양분이 풍부하고 약간 습하면서 적당한 수분이 공급되는 계곡 주변이 아니고서는 살기가 어려운 식물이다. 잎이 마주나며 아래쪽 입자루는 상당히 길고 잎이 넓으나, 위로 올라갈수록 입자루가 짧아지고 잎도 작아진다. 가장 위쪽 잎

은 입자루가 없이 잎몸이 줄기에 바로 붙어 있다. 꽃은 7~8월에 원줄기나 가지 끝에 노란색 통꽃 1~9송이가 총상꽃차례로 달리며, 종 모양 꽃받침은 다섯 갈래로 갈라진다. 통꽃 속에 수술은 15개이며, 가장자리의 10개는 길고, 가운데 5개는 짧다. 암술대는 3~4개다.

내가 옆에 있는 것도 아랑곳하지 않고 덩치 큰 벌이 꽃 속을 들락거린다. 벌이 꽃 속으로 들어가면 꽃대가 휘청 휘어진다. 불어오는 작은 바람에도 몸이 흔들린다. 수정이 끝난 통꽃들은 암술대만 남긴 채 미련 없이 꽃을 떨어뜨린다.

일본에도 이와 비슷한 종이 있다고 하는데 우리나라 종은 꽃줄기 끝에서 꽃대가 1개씩만 나오지만, 일본 종은 잎 사이에서 가지가 갈라져 꽃대가 몇 개 더 만들어지며 꽃이 달리는 수도 차이가 난다고 한다.

2 1~2 나도승마

지네발란

지네의 화신이
꽃으로 피어나다

식물 이름 중에 "이름 참 잘 지었네." 라고 생각되는 식물이 많다. 지네발란도 그렇다. 지네발란은 상록성 여러해살이 풀로 한국과 일본이 원산지로 알려져 있으며 우리나라에서는 제주도와 전라도 일부 지역 바위지대나 나무줄기에 단단히 밀착해 자란다. 꽃은 7월부터 줄기를 감싸고 있는 잎겨드랑이에서 한 송이씩 연붉은색으로 피어난다.

잎은 어긋나며 둥글고 짧은 침 모양으로 좌우로 배열되어 바위 위를 기어가는 지네를 닮았다. 꽃이 핀 모습도 입을 크게 벌리고 호시탐탐 먹이를 노리는 지네의 입 같다. 지네발란의 학명*Sarcanthus scolopendrifolius* Makino을 살펴보면, 속명 사르칸투스*Sarcanthus*는 희랍어의 sarx고기와 anthus꽃의 합성어로 입술꽃잎이 육질이기 때문에 붙인 것이며, 종소명 스콜로판드리폴리우스*scolopandrifolius*는 scolopendra지네와 foliu잎의 합성어로, 줄기에 붙은 잎 모양에서 유래한다는 것을 알 수 있다.

1~2 지네발란

    2007년 8월 1일 전라남도 여수 돌산 해발 400m 정도 높이에서 지네발란을 만났다. 이날은 너무 무더워 조금만 움직여도 등과 얼굴에 땀이 흘렀다. 햇빛이 비치면 빨리 뜨거워졌다가 빛이 사라지면 빨리 식어버리는 것이 바위의 속성인데, 그런 열악한 환경에 달라붙어 살아가는 것을 보니 신비롭다. 지네발란의 잎이 넓지 않고, 둥근 것은 생육 환경이 바위라는 점을 고려하면 이해가 된다. 잎이 넓다면 바위가 뜨거워질 때 잎도 빨리 뜨거워지고, 바위의 온도가 내려가면 잎의 온도도 빨리 내려가서 잎 조직이 상할 수도 있다.

    영양분도 거의 없는 바위에 붙어 저렇게 군락을 이룬 모습이 대견하다. 이제 돌아가야 할 시간이다. "어쩌면 너를 만나러 다시 오지 않을지도 모르겠다. 그것이 너를 위하는 길이겠지."

구와꼬리풀 · 큰구와꼬리풀 · 부산꼬리풀

영남지역의 특산식물,
꼬리풀 3종

구와꼬리풀, 큰구와꼬리풀^{가새잎꼬리풀}, 부산꼬리풀은 전 세계에서 영남 지역에만 자생하는 한국특산식물이자 영남지역 특산식물이다. 큰구와꼬리풀은 최초 발견지가 대구이고 대구에만 자생해서 '대구^{大邱}'라는 의미의 '큰구와'라는 이름이 붙었다는 이도 있고, 잎이 깊게 갈라진 국화의 잎을 닮아서 붙은 이름이라는 이도 있다.

구와를 국화에서 온 말로 본다면 '국화+꼬리풀'에서 '구와+꼬리풀'로 이행되었을 가능성이 높다. 잎이 국화의 잎을 닮았고, 형태는 전형적인 꼬리풀이어서 붙은 이름으로 보인다. 큰구와꼬리풀은 잎 가장자리가 깊게 갈라지는 특성이 있어 '크다'라는 말이 붙은 것으로 보인다. '구와'라는 말이 붙은 다른 종, 구와말이나 구와가막사리의 '구와'도 국화에서 온 것이어서 신빙성이 있다.

부산꼬리풀은 부산 쪽 바닷가에 자생하며 바닷바람을 맞고 자라서 그런지 줄기가 똑바로 서지 못하고 비스듬히 자란다. 열악한 환

1 구와꼬리풀 2 큰구와꼬리풀 3 부산꼬리풀 4 섬꼬리풀

경에서 자라서인지 잎이 아주 두껍고 잎과 줄기에 털도 많다. 구와꼬리풀의 변종 정도로 보이는데, 별개의 종으로 등록되어 있다.

큰구와꼬리풀과 부산꼬리풀은 자생지가 한정되어 있지만, 구와꼬리풀은 영남 지역의 대구를 비롯해 포항, 경주, 북쪽으로는 안동까지 넓게 분포한다. 아마 인접한 지역에도 자생할 것으로 보인다.

섬꼬리풀은 울릉도에만 자생하는 한국특산식물로 울릉도 해안가 절벽이나 성인봉 7~8부 능선에서도 제법 관찰되며, 꽃이 부산꼬리풀보다 2배 정도 크고 털도 더 길며, 잎 가장자리에는 더 날카로운 결각이 있다.

원지 · 두메애기풀 · 애기풀
귀가 쫑긋,
원지과 식물

원지과 원지속 식물 중에 원지, 두메애기풀, 애기풀은 하나같이 꽃이 작다. 꽃이 다 피었을 때는 날개를 세운 나비 같기도 하고, 다람쥐가 가던 길을 멈추고 귀를 쫑긋 세운 모습 같기도 하다. 애기풀, 두메애기풀, 원지는 모두 꽃받침은 5개, 꽃잎은 3개다.

원지遠志는 한반도 중부 이북의 산지에 자라는 여러해살이풀로 낭창한 줄기에 침 같은 잎을 달고 미풍에도 온몸을 흔든다. 7월경에 꽃이 피며 귀를 쫑긋 세운 것처럼 보이는 것이 꽃받침 2장이고, 나머지 꽃받침 3장은 아래쪽에서 꽃잎 한 장을 떠받치고 있다. 빛이 강해지면 위쪽의 꽃받침 2장은 수평이던 것을 수직으로 세운다. 그러면 위쪽 꽃잎 2장이 날개를 펼치듯 화사하게 피어난다. 보라색 실같이 갈라진 아랫부분도 꽃잎이 변해서 만들어진 구조다. 수정이 끝나 초록색 열매가 달리면 위쪽의 커다란 꽃받침 2장과 아래쪽 꽃받침 3장만 남기고 중간에 있던 꽃잎 3장은 흔적도 없이 떨어진다.

애기풀은 척박한 땅 여기저기서 제법 흔하게 볼 수 있지만 두메

애기풀은 강원도에서만 볼 수 있어 만나기가 쉽지 않다. 나도 2012년에 처음 두메애기풀을 만났다. 두메애기풀 역시 7월경에 꽃이 피며 꽃받침 5장 중 위쪽의 2장은 날개를 펼친 듯한 모양이고, 보라색 솔 같은 아래쪽 꽃잎은 가늘게 더 많이 갈라지며, 잎이 긴 타원형이어서 원지와 많은 차이가 난다.

애기풀도 원지처럼 위쪽 꽃받침 2장이 새의 날개처럼 생겼다. 4~5월에 자주색 꽃이 잎겨드랑이나 줄기 끝 부분에 달리며, 꽃이 피었을 때의 키는 보통 10㎝ 내외로 작으나, 꽃이 지고 열매를 맺을 때쯤에는 20㎝ 정도까지 자란다. 반관목이며, 열매 가장자리에 넓은 날개가 달려 있다.

원지는 침 모양의 잎이 줄기에 거의 붙어 있고, 두메애기풀은 잎이 장타원형이고 보라색 꽃이 피며, 애기풀은 잎이 타원형이며, 붉은색 꽃이 핀다는 것만 기억해도 3종은 구별할 수 있다. 원지속에 속하는 식물 중에 병아리풀이 한 종 더 있는데 원지, 두메애기풀, 애기풀과는 많이 달라 혼동할 일이 없다.

1~3 원지 4~5 두메애기풀 6 병아리풀 7 애기풀

물고추나물 · 고추나물 · 좀고추나물 · 애기고추나물

열매가
고추를 닮았다

열매가 익었을 때의 생김새가 고추를 닮아서 고추
나물이라는 이름이 붙은 종들이 있다. 고추나물속 식물이다. 반면
이들과는 갈래가 조금 다른 물고추나물속의 물고추나물도 있다. 이
름에서 알 수 있듯 물고추나물의 서식지는 습지이며, 제주도와 경
상남도, 강원도의 일부 습지에서만 자란다.

물고추나물은 가장 무더운 시기인 8월에 연분홍색 꽃을 피운다.
한 여름날의 습지는 그야말로 한증막이 따로 없다. 빛이 가장 강할
때 꽃이 피어난다면 수정하기도 전에 꽃잎이 시들어버릴 수도 있
다. 그래서 물고추나물은 오후 3시 이후에 꽃을 피운다. 오후 2시 이
전에 자생지에 가면 물고추나물 꽃을 볼 수 없다.

물고추나물은 연한 분홍색 꽃을 피우지만, 다른 고추나물속은
하나같이 노란색 꽃을 피운다. 고추나물 꽃은 지름 15~20㎜이며, 원
추형 같은 꽃차례를 이루고, 꽃잎이 바람개비처럼 약간 삐뚤게 달
리는 것이 특이하다. 꽃받침과 꽃잎은 각각 5장이고 수술은 3개가 1

1 물고추나물 2 물고추나물 열매 3 물고추나물

233

1 고추나물 2 좀고추나물 3 애기고추나물

조로 뭉쳐 다수의 뭉치로 수술이 형성된다.

　좀고추나물과 애기고추나물은 꽃의 지름이 7㎜ 정도로 아주 작아서 꽃을 확대해 보지 않으면 구분이 어렵다. 좀고추나물은 수술이 8~10개이나, 애기고추나물은 10~20개여서 좀 풍성해 보인다.

닻꽃

닻과 배는 운명공동체

닻꽃은 배를 정박시킬 때 바다 속에 내려서 배를 고정시키는 닻의 모양을 꼭 빼닮았다. 북방계 식물로 남쪽에서는 볼 수 없고, 강원도 높은 산에 가야만 볼 수 있는 꽃이다. 나는 2005년도에 백두산에서 이 꽃을 처음 보았고 경기도 화악산에서 두 번째로 만났다. 보면 볼수록 오묘한 생김새다.

화악산에는 닻꽃이 많았다. 바닷가에 있어야 할 닻들이 전부 이산에 와 있는 듯한 느낌이었다. '하늘바다'에 떠 있는 '흰구름배'에서 이 산에 닻을 드리운 듯했다.

1~2 닻꽃

잠자리난초 · 개잠자리난초

잠자리,
습지에 내려 꽃이 되다

난초들은 개성이 뚜렷하다. 잠자리난초, 개잠자리 난초도 그렇다. 잠자리가 두 눈을 동그랗게 뜨고 날갯짓하며 하늘을 나는 형상이다. 서식지도 잠자리의 고향처럼 습지다.

난초 꽃은 꽃잎 3장, 꽃받침 3장으로 구성되어 있으나 꽃받침이 꽃잎처럼 변형되어, 꽃잎만 6장인 것처럼 보인다. 이 두 종을 정면에서 봤을 때 앞쪽 아래로 처져 있는 연초록의 '十'형 구조물이 입술꽃잎이다. 잎술꽃잎은 난초의 종류에 따라 다양하게 변형되어 기기묘묘하다. 개불알꽃처럼 개 불알을 닮은 종이 있는가 하면, 해오라비난초처럼 새가 날아가는 형상인 것도 있다. 즉 꽃의 구성요소 중에 입술꽃잎이 가장 두드러지게 변형되어 자신의 특징을 만들어 낸다.

잠자리난초의 꽃을 자세히 살펴보자. 앞쪽의 입술꽃잎은 열십자 모양이고, 좌우측의 비스듬한 곁꽃받침은 뒤로 약간 젖혀져 날개를 펼친 것 같으며, 등꽃받침은 위쪽에 바로 서 있다. 곁꽃받침과 등꽃

1 잠자리난초 2~3 개잠자리난초

받침 사이 좌우에 곁꽃잎이 위치한다. 그리고 꿀주머니는 꼬리처럼 길다.

잠자리난초와 개잠자리난초는 곁꽃받침과 입술꽃잎, 꿀주머니로 구별된다. 좌우측의 곁꽃받침이 뒤로 젖혀 있고, 입술꽃잎 좌우로 뻗은 부분의 갈라진 정도가 더 크고, 꿀주머니가 더 짧으면 개잠자리난초다. 그리고 개잠자리난초는 꽃이 아주 많이 달린다.

한여름 무더위가 기승을 부릴 즈음 습지 주변에 가면 풀들 사이로 커다란 꽃대가 하늘을 향해 쭉 올라온 것을 볼 수 있다. 꽃이 활짝 피면 흡사 잠자리 떼가 하늘을 향해 날아오르는 것 같기도 하고, 하늘을 날던 수많은 잠자리가 습지 풀 섶에 내려 앉아 잠자리난초가 된 것도 같다. 개잠자리난초는 한국고유종이며 경상북도 중북부의 도로와 인접한 일부 습지에서 자생하는데, 도로 확포장공사로 인해 개체수가 줄어들고 있어 안타깝다.

해오라비난초
해오라기의
비상을 닮은 꽃

　　꽃이 해오라기를 닮아 해오라비난초다. 해오라기의 생김새를 모르던 나는 아마도 이 꽃처럼 멋스럽고 청초하며, 도도한 느낌도 주는 새일 거라 생각하며 인터넷을 검색했다. 그런데 흰색 바탕인 배와 어두운 색을 띤 날개, 붉은 눈, 어디를 보아도 해오라비난초와 비슷한 구석이 없었다. 왜 이런 이름을 붙였을까 궁금해 하며 사진을 계속 살피던 중 날개를 펼친 해오라기가 있었다. 무릎을 탁 치며 감탄사가 절로 나왔다. 몸통에 비해 엄청 큰 날개, 그리고 날개 아랫부분의 갈라진 모습이 이 꽃과 꼭 닮았다.

　　나는 해오라비난초를 경기도에서 두 번 본 적이 있다. 자신이 날고 있는 해오라기라도 된 것처럼 8월의 찌는 무더위 속에서 날개를 활짝 펼쳐 아름다운 자태를 뽐내고 있었다. 꽃이 무척 예쁘다 보니 많은 이의 선망의 대상이 되어 방문자로 인한 자생지 훼손이 우려되는 상황이었다. 국립수목원 측과 연계해 자생지 보존 대책을 수립한다 하고, 2012년 5월 멸종위기식물로 지정되었으니 좋은 성과

가 있기를 기대한다.

최근 산림청 국립수목원측은 2010년에 미기록식물인 큰해오라비난초가칭, *Habenaria dentata*가 국내에 분포한다고 발표했다. 큰해오라비난초는 중국, 대만, 동남아시아, 일본 등에 자생하는 남방계 식물로 근연종인 해오라비난초와는 달리 꽃받침이 흰색이고 더 크다. 입술꽃잎 앞쪽 가장자리에 톱니가 짧게 발달하고, 입술꽃잎 뒤쪽의 좌우 날개에는 톱니가 없으며, 꽃이 1~2송이 피는 해오라비난초와 달리, 줄기 끝에 꽃이 여러 송이 피는 것이 특징이다.

한반도에 자생하는 해오라비난초속 식물은 지금까지 6종해오라비난초, 잠자리난초, 방울난초, 제주방울란, 개잠자리난초, 민잠자리난초으로 알려져 있었다. 여기에 큰해오라비난초가 더해지면 7종이 되는데 야생 자생 여부에 대해서는 의문을 제시하는 사람이 많다. 나는 아직 해오라비난초속 식물 중 만나지 못한 종이 더 많다. 쉬엄 쉬엄 가다보면 언젠가는 볼 수 있는 날이 있으리라.

1~4 해오라비난초

좁은잎해란초 · 해란초 · 자란초 · 자란

바닷가의 귀공자,
해란초

바다가 인접한 포항에 살다 보니 바닷가 식물을 많이 접하게 된다. 퇴근할 때도 틈만 나면 남쪽 바닷가인 구룡포나, 북쪽 바닷가인 칠포, 월포를 한 바퀴 돌아 집에 가고는 했다. 그러면서 가장 많이 본 것이 해란초였다.

해란초와 자란초는 난초도 아니면서 난초로 오인하게 만드는 대표적인 꽃이다. 자란초는 해발 500m 이상 고산지대에 자생하는 꿀풀과 식물이다. 전라도 해안가에 자생하는 예쁜 난초과 식물 자란과 아무런 관련이 없다. 자란초를 보러 가는데 함께 가겠냐는 친구의 말을 자란 보러 가자는 말로 잘못 알아듣고 따라갔다가 크게 실망한 적이 있다는 이야기를 들은 적이 있다. 이름이 비슷해 생긴 해프닝이다. 이처럼 자란에 비해 푸대접을 받는 건 사실이지만 자란초는 귀하디귀한 한국특산식물이다.

해란초의 꽃피는 시기를 7~8월로 표기한 책이 많으나, 동해안 망양휴게소 가기 전 해안가에서 5월 초에, 포항 인근 호미곶과 월포

1 해란초 2 해란초 결실 3 자란초 4 자란

좁은잎해란초(왼쪽), 해란초(오른쪽)

바닷가에서는 10월에 해란초 꽃을 볼 수 있다. 꽃은 줄기 끝에 총상꽃차례로 달리며, 꿀주머니가 아래쪽으로 향하니 꽃은 하늘을 보고 피어난다. 줄기는 곧게 서거나, 옆으로 비스듬히 누워 자라며, 잎은 마주나거나 3~4장씩 돌려나기도 하고, 윗부분은 어긋나기도 하는 등 다양한 형태로 달린다. 바닷가의 세찬 바람을 맞으며 자라다 보니 잎이 두툼한 육질로 보이지만, 잎의 속살은 어느 식물보다도 부드럽다.

해란초는 포항 구룡포에서부터 출발해 동해안을 따라 올라가면서 자생하니 구룡포가 최남단 자생지가 아닐까 생각한다. 해란초보다 잎이 가느다란 좁은잎해란초도 있다. 왼쪽 사진은 두 종을 비교하기 쉽도록 따로 찍어서 합성한 것이다.

큰바늘꽃 · 분홍바늘꽃

씨방이
바늘처럼 생긴 꽃

        씨방이 바늘처럼 길게 발달하는 바늘꽃속 식물 중에 출중한 미모를 자랑하는 것을 들라면 큰바늘꽃과 분홍바늘꽃을 들 수 있다. 둘 다 북방계 식물로 남쪽에서는 보기가 만만치 않다. 큰바늘꽃은 강원도와 울릉도의 습지에 자생하는 습지식물로 아주 희귀하며 줄기에서 난 잎은 줄기를 약간 감싸며 긴 타원형으로 가장자리에 뾰족한 톱니가 발달한다. 꽃은 분홍색이며, 꽃잎이 4장인데 깊게 갈라져서 8장인 것처럼 보인다.

    꽃 안쪽의 암술대는 흰색으로 끝 부분이 4갈래로 갈라져 있는 독특한 모양이다. 수술은 8개이며 그중 4개는 길고, 4개는 짧다. 수술대가 왜 4개는 길고, 4개는 짧은지 궁금하다. 상황에 따라 자가수정을 하거나 타가수정을 하기 위한 걸까? 아니면, 벌들이 안쪽의 작은 수술 4개를 굴로 여기게 해 꽃 안쪽으로 파고들며 긴 수술대의 꽃가루가 벌의 몸에 잘 닿게 하려는 것일까? 이유는 모르겠지만 큰바늘꽃만의 특별한 생존 방식이 그 속에 숨어 있을 것만 같다.

1~3 큰바늘꽃 4~6 분홍바늘꽃

울릉도와 강원도 한 곳의 큰바늘꽃 자생지에 다녀왔다. 두 곳 모두 길에 인접한 습지라 생존 자체가 위태로웠다. 강원도의 큰바늘꽃은 예초기로 풀을 베는 시기에 몇 번이나 초토화될 위기를 맞았다 하고, 울릉도 큰바늘꽃은 잡초로 여겨져 뽑히는 일도 있단다. 울릉도 자생지에서는 2008년에는 내가, 2011년에는 지인이 자생하는 것을 확인했다. 바다를 배경으로 한 사진이 2008년에 담은 것이다.

　　분홍바늘꽃은 2005년 8월에 백두산을 탐사하면서 처음 보았다. 보통 7~8월에 꽃이 피고 높이 2m 이상으로 크게 자란다. 잎은 어긋나게 붙고 끝이 뾰족하다. 분홍색 꽃잎이 4장 있고, 긴 암술대 하나가 밖으로 쭉 뻗어 나왔으며, 그 끝 역시 4갈래로 갈라지고 수술 또한 8개다. 줄기 끝에서 꽃이 길게 총상꽃차례로 달리며 아래쪽에서부터 피며 올라간다. 사진을 보면 아래쪽은 이미 바늘 모양 열매를 달고 있고 중간에는 꽃이 피어 있으며 위쪽은 꽃봉오리 상태다.

　　우리나라 중북부 지방부터 백두대간을 따라 백두산까지 제법 흔하게 자생한다는데 아직 야생에서 만나지 못했다. 강원도 평창 오대산자생식물원에 가면 분홍바늘꽃으로 단장한 구역이 있다. 야생에서 만나지 못한 아쉬움을 달래려 때마다 찾아가는데, 매번 그 화사한 군락에 넋을 잃고 만다.

등 · 애기등

주렁주렁
꽃이 달리는 나무

　5월, 교정 쉼터에 진한 향기 내뿜는 등^{등나무} 꽃이 피어난다. 시원한 그늘에서 선생님들과 커피를 마시며 한담을 나누기에 좋다. 식사를 마친 학생들도 삼삼오오 모여든다. 여름이 오면 쉼터의 역할은 더 커진다. 향기는 가고 없지만 주렁주렁 열매가 달리고, 잎은 더 무성해져 햇빛을 가려준다.

　고속도로 절개지 같은 곳에 등을 심어 놓은 것도 많이 볼 수 있다. 가파른 절벽을 타고 올라가면서 황량한 절개지를 빠른 속도로 덮고 주렁주렁 꽃까지 달아서 운전자의 눈을 즐겁게 한다. 흰색 꽃을 피운 등 사진은 포항과 대구를 잇는 고속도로를 달리며 찍은 것이다.

　애기등은 남방계 식물로 주로 경상남도와 전라도 도서지역에 분포한다. 나는 전라도 진도에서 처음 보았는데, 2010년 경주국립공원관리공단과 기청산식물원의 공동조사에서 경주 토함산 자락의 자생지가 발견되었다. 아마도 현재까지 이곳이 분포의 북방한계선일

것 같다.

애기등의 꽃은 미색으로 아주 소박하게 핀다. 보통 책에서는 "잎은 어긋나며 작은 잎 9~13장이 홀수깃꼴겹잎으로 달린다."고 소개하는데 사진에서처럼 잎이 15장 달리는 것도 있다. 등꽃은 5~6월에 피지만, 애기등 꽃은 7~8월에 핀다.

일이 까다롭게 뒤얽히어 풀기 어려울 때 '갈등葛藤'이라는 말을 쓴다. 갈葛은 칡을, 등藤은 등을 뜻하는 한자로, 칡은 왼쪽으로 물체를 감아 올라가고, 등은 오른쪽으로 감아 올라가니 두 식물이 한곳에서 만나면 서로 먼저 감아 올라가려고 다투기 때문에 서로 뒤얽혀 잘 감아 올라가지 못하게 된다는 데서 갈등이란 말이 나왔다. 그러나 실제 야생에서는 칡과 등의 서식지가 서로 다르기 때문에 갈등 관계가 형성될 일은 없다. 결국 사람들이 만들어 낸 말이다.

1~2 등 3 등(물체를 오른쪽으로 감고 올라간다.) 4 칡(물체를 왼쪽으로 감고 올라간다.) 5~6 애기등

땅귀개 · 자주땅귀개 · 이삭귀개 · 끈끈이주걱 · 끈끈이귀개
참통발 · 들통발

생태계의 반항아,
벌레잡이식물

　　　　　생태계에서 식물은 생산자이고, 동물은 소비자다.
식물은 엽록체라는 기관에서 빛과 물, 이산화탄소를 이용해 광합성
을 일으켜 생존에 필요한 유기물을 합성해 낸다. 즉 스스로 무기물
로부터 유기물을 만들어 자신의 성장에 이용한다. 그런데 식물 중
에 광합성만으로는 필요한 유기물을 충분히 확보하지 못해 그 부족
분을 동물로부터 얻는 식물이 있다. 바로 식충식물이다. 이는 생태
계의 순환 구조에 역행하는 것으로 소비자가 생산자에게 잡아먹히
는 것이다. 생태계에 상당한 혼란을 초래할만한 일인데 이런 식물
이 많지는 않으니 걱정할 일은 아니다.

　　벌레를 잡는 방식도 여러 가지다. 끈끈이주걱이나 끈끈이귀개처
럼 잎에서 끈적끈적한 액체를 분비해 벌레가 달라붙게 하는 경우도
있고, 벌레잡이주머니^{捕蟲囊}를 만들어 물속에 다니는 미세한 벌레들
을 걸려들게 하는 경우도 있다. 식충식물로는 땅귀개, 자주땅귀개,

이삭귀개, 끈끈이주걱, 끈끈이귀개, 통발, 참통발, 들통발, 개통발, 실통발, 북통발 이렇게 11종이 알려져 있는데, 나는 그중 통발, 개통발, 실통발, 북통발을 제외한 7종을 보았다.

땅귀개, 자주땅귀개, 이삭귀개를 처음 봤을 때는 꽃의 모양이 입을 벌리고 호시탐탐 먹이를 노리는 형상이어서 꽃으로 곤충을 잡아먹는 줄 알았다. 그런데 꽃은 곤충 포식과 아무런 관계가 없고, 줄기에서 뻗은 가지잎에 작은 포충낭을 만들어 놓고 아주 미세한 수서 곤충을 잡아먹는다.

자주땅귀개는 땅귀개가 자생하는 곳에서 아주 드물게 보인다. 그런데 제주도의 한 지역에서는 자주땅귀개를 '검질'이라 부른다. 검질은 제주도 방언으로 잡초라는 뜻이다. 그 지역에만 유난히 많다는 의미다. 부산의 한 습지에서는 꽃이 흰색인 땅귀개도 보았다. 이삭귀개 꽃은 아랫입술을 쭈욱 내민 듯한 모양이다.

초등학교 교과서에 가장 많이 등장하는 식충식물이 끈끈이주걱이다. 주걱 모양 잎에 긴 샘털이 있고, 그 끝에서 끈적끈적한 액이 분비되어 잎에 앉은 곤충들을 포획해 뿌리로 취할 수 없는 각종 양분들을 얻는다. 끈끈이주걱은 꽃대가 길어 작은 것은 10㎝ 정도, 긴 것은 30㎝ 이상이다. 사진에서처럼 꽃대가 말려 있고, 아래쪽에서부터 펼쳐지면서 꽃이 피어난다. 빛이 강하게 내리쬐는 맑은 날 정오 무렵에 화사하게 꽃을 피운다. 꽃의 지름은 5㎜ 정도로 아주 작다.

끈끈이귀개는 끈끈이주걱과는 달리 잎이 꽃줄기에 어긋나고, 그

1 땅귀개 2 땅귀개(흰색) 3 자주땅귀개 4 이삭귀개 5 끈끈이주걱 꽃 6 끈끈이주걱 잎

잎에 긴 샘털이 있다. 화사하게 피어난 꽃을 보고 날아드는 벌레가 잎에 잘못 앉으면 잡아먹히게 된다. 끈끈이귀개는 멸종위기종으로 전라도에서 아주 귀하게 자란다.

통발속 식물은 잎이나 뿌리 부분에 물고기를 잡는 도구인 통발과 유사한 포충낭을 만들어 놓고, 미세한 수서곤충들이 포충낭 입구의 촉수를 자극하면 포충낭 내부의 압력이 낮아지며 곤충들이 안쪽으로 빨려 들어간다. 참통발은 꽃 가운데 붉은 줄무늬가 인상적이지만 결실이 되지 않는다. 사진에서 물속 줄기에서 어긋난 잎에까만 포충낭이 보인다. 보통은 연한 초록색인데, 저렇게 검은 색으로 변한 것이 혹시 벌레가 잡힌 상태가 아닐까 생각한다.

들통발은 꽃 중앙 부분의 붉은 줄무늬가 아주 미미하고 사진처럼 꽃이 지고나면 열매가 맺힌다. 그리고 줄기에는 잎 3장이 돌려나고 그 곳에 포충낭이 달려 있다. 참통발과 들통발은 잎이 돌려나는지 여부와 꽃 중앙 부분의 붉은 줄무늬 발달 정도, 그리고 열매를 맺는지 여부로 구별 가능하다.

1 끈끈이귀개 2 참통발 3 참통발의 잎과 포충낭 4 들통발의 잎과 포충낭 5 들통발의 꽃과 열매

남개연꽃 · 왜개연꽃 · 개연꽃

작아서 더 예쁜
개연꽃

개연꽃은 연꽃이나 수련에 비해 꽃이 훨씬 작다. 꽃 색도 연꽃보다 화려하지 않다. 잎이 물 위로 쭉 올라오지만 꽃은 참 왜소하다. 그렇다고 해서 예쁘지 않다는 것은 아니다. 오히려 작아서 더 아름답다고나 할까. 무척 귀여운 꽃이다.

왜개연과 남개연의 꽃잎으로 보이는 노란색 다섯 장은 꽃받침이다. 왜개연은 원래 암술머리가 노란색뿐이었는데 붉은색으로 변한 것이 있다. 그것이 왜개연의 변종인 남개연이다. 이 둘은 잎이 높이 올라오는 개연꽃과 달리 잎이 수면과 닿은 채 자란다.

3종 모두 수련과에 속하는 수생식물로 저수지 속에 뿌리를 내리고 산다. 모두 꽃이 피었을 때 꽃대가 물 위로 쭉 올라와 똑바로 선다. 수정이 끝나고 열매가 맺히면 꽃대가 옆으로 비스듬히 눕고, 시간이 지나면 물속으로 들어가서 초록색 열매가 실하게 익어 씨앗을 만들어 낸다. 그 씨앗이 저수지 바닥에 떨어져 또 다른 개체로 성장한다.

1~3 남개연 4 왜개연 5 개연꽃

노랑어리연꽃 · 어리연꽃 · 좀어리연꽃 · 조름나물

연꽃에도
가짜가 있다?

보통 연꽃이라고 하면 수련과에 속하는 연꽃, 수련, 각시수련, 순채, 가시연꽃, 개연꽃, 왜개연꽃, 남개연꽃 등을 말한다. 노랑어리연꽃, 어리연꽃, 좀어리연꽃은 연꽃이라는 말이 붙었지만 연꽃과는 거리가 먼 조름나물과에 속한다. 이들은 수련과 식물과 달리 잎 가장자리에 털이 보송보송 많이 나 있다.

노랑어리연꽃은 우리나라 각 처의 습지, 연못, 강가의 가장자리에 자생하는 여러해살이 수초다. 꽃 전체가 밝은 노란색이며, 지름 3㎝ 정도로 제법 크고 꽃잎 5장 가장자리에 털이 많다. 줄기는 끈 모양으로 아주 길고, 그 사이사이에 잎이 마주난다. 잎은 물 위에 뜨며 가장자리에 미세하게 동글동글한 톱니가 있다. 잎 표면은 녹색이며 아랫면은 갈색이다. 7월부터 꽃이 피어 길게는 9월까지 피고 지기를 반복한다.

어리연꽃은 꽃의 지름이 1.5㎝ 정도이며, 흰색 바탕에 가운데 부분이 노란색이다. 꽃 안쪽에 긴 흰색 털이 있고, 꽃잎 가장자리에도

1~2 노랑어리연꽃 3 어리연꽃 4 조름나물 5 좀어리연꽃

흰 털이 보송보송 많이 나 있다. 중부 이남의 연못, 도랑에서 무더운 여름날에 피어나기 시작해서 9월까지 이어진다.

좀어리연꽃은 그리 쉽게 볼 수 있는 꽃이 아니다. 나는 2011년부터 부산에 사는 젊은 동호인 이성원 씨의 도움으로 이 꽃을 볼 수 있었다. 꽃은 지름 8㎜ 정도로 어리연꽃의 절반 정도이고, 잎도 너비 2~6㎝로 어리연꽃7~20㎝보다 훨씬 작다. 현장에서 직접 보면 왜 좀어리연꽃이라 했는지 금방 이해가 된다. 보통 좀어리연꽃은 습지에서 물 위에 떠 자라는데 낙동강 하구 자생지에서는 도랑에 자라고 있어 물이 빠져버리면 사진과 같은 꼴이 된다.

화려하지도, 크지도 않은 꽃들이지만 나름 수수한 멋을 지닌 어리연꽃들. 그들 스스로 연꽃이라고 우긴 적도 없다. 괜히 우리가 연꽃이라 이름 붙이고 연꽃답지 않다 타박하지 말자.

남가새

한쪽은 길고
한쪽은 짧은 잎

남가새는 바닷가 모래땅에 뿌리를 깊숙이 내리고 여름날 뜨거운 태양을 온 몸으로 즐긴다. 양분도 별로 없을 텐데 잘도 자란다. 한편으로는 게으름뱅이이기도 하다. 늦은 5월이 되어서야 씨앗에서 떡잎을 올리고, 그 떡잎이 지면서 줄기를 낸다.

남가새 잎과 꽃을 관찰하면 재미있는 구석이 있다. 어긋나는 잎의 한쪽은 길고소엽이 평균 7쌍 다른 한쪽은 짧다소엽이 4-5쌍. 그리고 짧은 쪽 잎겨드랑이에 꽃대가 달린다. 식물의 잎은 양분을 만들어 내는 공장이다. 거기에서 양분을 만들어 한쪽은 잎을 키우는 데만 사용했고, 다른 한쪽은 잎과 꽃을 만드는 데 사용했다. 양분을 꽃과 잎이 나누어 가져야 하니 꽃이 달린 쪽의 잎이 작아질 수밖에 없다.

생장이 더디긴 한데, 참으로 오랫동안 꽃을 피운다. 꽃 하나만 보면 보통 하루 이틀 만에 피었다가 지지만 다른 꽃이 계속 피어난다. 7월에 꽃이 피기 시작해 9월까지 이어진다. 기는 줄기는 대략 1m 이상 자라며 가지를 많이 친다.

1~2 남가새 3 남가새 꽃과 열매 4 남가새 씨앗

　꽃이 지면서 달리는 열매는 뿔 달린 도깨비 같다. 5갈래로 갈라지고 그 갈래마다 뿔 같은 침이 2개씩 달려 있어 건드리면 통증을 느낄 정도로 아프다. 그 강인한 모양만큼이나 열악한 환경에서도 살아남을 수 있는 유전적 특성도 얻었으리라.

　포항에서 남가새를 처음 본 것은 2004년이었다. 그런데 2005년 여름 큰 태풍이 와서 바닷가 식물인 남가새도 초토화되었다. 2005년과 2006년에는 전혀 볼 수 없어 안타까웠는데, 2007년 여름에 다시 그 자리에 가보니 남가새가 방긋방긋 인사를 건넸다. 태풍이 휩쓸고 간 자리에서 3년 만에 다시 피어난 것이다.

남가새를 납가새라고도 하며, 한방에서는 백질녀라고 한다. 남가새의 열매는 질녀자라고 하며, 도깨비 뿔 같은 침 때문에 질려라는 말이 나무의 온갖 가시, 또는 고통을 의미하는 형극과 같은 말로 쓰이기도 한다. 성경책에 "질려와 형극의 날일 것이다.^{사 7:23}"라는 말이 있는데, 이것은 가장 고통스런 날이 될 것이라는 뜻이다. 열매 질려자는 한방에서 고혈압과 중풍을 치료하는 약으로 중요하게 쓰였다.

남가새는 꽃받침과 노란색 꽃잎이 각각 5장이고, 암술대도 5개로 갈라져 있다. 수술은 10개다. 나중에 열매가 만들어지면 그 열매도 5갈래로 갈라진다. 늦가을에 열매가 갈색으로 익으면 5개로 갈라져 땅에 떨어지고, 그 각각의 열매가 한 그루의 새로운 개체로 자란다.

현재까지 남가새 자생지는 포항과 제주도에만 있는 것 같다. 거제도 쪽에도 자생한다는 기록이 있긴 한데 10년이 넘도록 거제도에서 남가새를 보았다는 소식이 들리지 않는다. 포항의 바닷가 자생지도 사람들이 많이 들락거리는 곳이라 파괴가 우려된다. 최근에 멸종위기종으로 등록되었지만 구체적인 보존 대책은 수립되지 않아 안타깝다.

중나리 · 둥근이질풀(태백이질풀) · 일월비비추 · 왜솜다리

소백산
비로봉 탐사

　　나리속 식물 중에 보지 못한 꽃이 중나리였다. 남쪽에는 유일하게 소백산 비로봉 정상 주변에만 자란다고 들어 매년이 꽃이 필 때쯤 탐사 가는 팀이 없나 찾았지만, 그렇게 험한 곳을 그것도 한여름에 등반한다는 것이 무리라며 다들 꺼리는 상태였다.

　　그렇다고 보고 싶은 꽃을 보지 않고 넘길 수도 없는 노릇이라 모험을 감행했다. 중나리 꽃이 한창인 시기가 8월 초이고 비로봉 정상을 가장 단 코스로 갈 수 있는 곳이 풍기읍 비로사 쪽으로 오르는 길이라는 것을 파악해 두었다.

　　2008년 8월 6일, 포항에서 6시에 출발해 9시에 비로사에 도착했다. 비로사에서 비로봉 정상1,439m까지 약 6㎞로 3시간 정도 거리다. 9시 조금 넘어 오르기 시작했다. 한여름이라 조금만 움직여도 땀이 줄줄 흐른다. 조금 오르니 산속 마을 달밭골이 나오고 그 왼편으로 조금 더 오르니 쭉쭉 뻗은 잣나무 군락이 펼쳐진다. 기온은 30도를 오르내리는 날인데, 숲속은 땀방울을 식혀 주고도 남을 만큼 시원

중나리

했다. 여름이라 저지대에는 꽃이 없어서 약 7부 능선까지는 삼림욕
하듯 잣나무 소나무 숲을 걸었다.

쉬엄쉬엄 오르다 보니 정상이 눈앞이다. 비로봉 표지석도 보이
고 주변 꽃들이 눈에 들어오기 시작한다. 둥근이질풀이다. 5개로 된
꽃잎 하나하나가 찢어진 모습이다. 이런 둥근이질풀을 따로 태백이
질풀이라고 부른다. 둥근이질풀이 있는 곳에 흔히 나타나는 변이나
변종으로 보면 좋겠단 생각이 들게 하는 꽃이다.

정상 주변을 돌아보니 붉은색 꽃이 눈에 들어온다. 중나리다. 털
중나리와 비슷하지만 줄기에 털이 없으며, 참나리와도 비슷하지만
잎겨드랑이에 주아가 없다.

"고산의 흰 구름을 친구삼아 도도하게 하늘바라기하는 네가 보
고 싶어 혈혈단신으로 여기까지 찾아왔다."

맑게 펼쳐진 하늘을 배경으로 아름다운 중나리의 모습을 카메라
에 차곡 차곡 담았다.

2012년 중나리를 보고 싶어 하시는 분들이 있어 기꺼이 비로봉
등반을 준비했다. 이 무렵에는 강원도의 도로나 논두렁 주변에서도
중나리를 볼 수 있다는 사실을 알고 있었다. 그래서인지 어떤 이들
은 편히 볼 수 있는 꽃을 무엇 때문에 비로봉 정상까지 가서 보냐고
말하기도 했다.

그래도 산 정상에서 보는 게 도로변의 중나리를 보는 것과는 맛
이 달라서인지, 여섯 명이 참여했다. 딱 좋은 탐사 인원이다. 먼저 4

1 일월비비추 군락 2 왜솜다리(강원) 3 둥근이질풀(태백이질풀) 4 왜솜다리(소백산)

년 전에 보았던 중나리의 근황이 궁금해 찾아보았더니 역시나 도도하게 자리를 지키고 있었다. 반갑게 다시 인사를 나누고 돌아보다 생각지도 않았던 일월비비추의 대 군락을 발견했다. 일월비비추가 있다는 이야기를 듣긴 했지만 이렇게 환상적인 규모일 것이라고는 상상조차 못했다. 왜솜다리도 자옥한 안개 속에서 도도하게 피어 있었다.

소백산의 왜솜다리는 강원도의 왜솜다리와는 느낌이 다르다. 소백산 것은 잎이 넓고 가장자리에 결각이 있으나, 강원도 것은 잎이 더 뾰족하고 결각이 없다.

노랑원추리 · 원추리 · 큰원추리

밤에만 피어나는 꽃,
노랑원추리

2011년 7월 31일, 전라도 쪽으로 방향을 잡았다. 진
퍼리까치수염과 같은 듯하면서도 다른 식물이 있어 확인 차 나선
것이다. 그런데 확인이 좀 미흡한 부분이 있어 8월 9일 다시 같은 장
소를 찾았다. 10일 간격으로 2번이나 가게 되니 이참에 다른 것도
찾아보기로 했다. 입술망초와 노랑원추리가 떠올랐다. 입술망초는
전라도 특정 지역에서만 볼 수 있는 꽃으로 오전에만 피었다가 오후
가 되면 시든다. 그래서 오전에 입술망초를, 오후에는 진퍼리까치수
염을 그리고 저녁에는 노랑원추리를 보는 것으로 일정을 잡았다.

백합과 원추리속에는 원추리, 골잎원추리, 왕원추리, 홑왕원추
리, 큰원추리, 각시원추리, 애기원추리, 홍도원추리, 노랑원추리 등
이 있다. 하나같이 키도 크고 꽃도 크다. 꽃 하나가 피어 있는 기간
은 불과 하루 정도지만 여러 송이가 피기 때문에 꽃이 꽤 오래 피어

1 노랑원추리 2 노랑원추리 잎 3 원추리 군락 4 원추리 5 큰원추리

있다는 느낌을 받는다. 등산로 주변, 묘지 주변, 바닷가와 인접한 바위틈이나 정상부 등 우리나라의 어느 야산을 가더라도 쉽게 볼 수 있다. 덕유산 정상부의 원추리 군락과 지리산 성삼재에서 노고단 정상으로 올라가는 산길 주변의 원추리 군락은 가히 환상적이다. 특히 흰 구름이 노고단을 둘러싸면서 발아래 펼쳐지는 날이면 한 폭의 수채화 같은 풍경을 만끽할 수 있다.

바닷가 인접한 바위틈에 아스라이 피어 있는 원추리는 아름답기도 하지만 애잔한 느낌을 준다. 근심과 걱정을 한 몸에 품은 듯한, 사랑하는 이를 끝없이 기다리는 듯한 여인의 모습이다. 원추리는 근심과 걱정을 잊게 해 주는 꽃이라 해 망우초忘憂草라고도 부른다는데, 바닷가 절벽 위의 원추리는 어찌 근심과 걱정이 가득한 느낌일까.

노랑원추리는 낮에 꽃봉오리 상태로 있다가 저녁이 되면 꽃잎이 펼쳐진다. 어찌 생각하면 상당히 효율적인 방법인지도 모른다. 8월의 대낮 무더위는 대단하다. 강한 햇살에 잎은 축축 늘어지고 곤충들도 지친다. 꽃잎까지도 탈색될 정도로 햇살이 강하고, 사람도 탈진할 지경이다. 꽃잎도 수정 전에 탈진할지 모른다. 그래서 선선한 밤에 피어 야행성 곤충들의 도움을 받으려 한 듯하다.

'문라잇 플라워Moonlight Flower'라는 노래에 "태양이 마술을 풀기 전까지 나는 밤하늘 아래서 환상적인 일들을 경험하곤 했어요I have seen the magic things under night skies until the sunrise ended the spell."라는 구절이 있다.

노랑원추리는 태양이 마술을 풀기 전까지 아름다운 형광 노란색과 매혹적인 향기로 주변의 곤충들을 유혹한다. 그에 이끌린 곤충들에 의해 꽃가루받이에 성공한 노랑원추리는 태양이 마술을 풀어버리는 시간에 미련 없이 꽃잎을 접는다.

원추리 종류들을 보면 꽃봉오리 상태의 모습이 흡사 사내아이의 고추처럼 생겼다. 그래서 부녀자들이 원추리 꽃을 허리춤에 품고 다니면 사내아이를 낳을 수 있다고 믿었고, '아들을 낳는 풀'이라는 뜻으로 의남초宜男草라고도 불렀다. 원추리 꽃에는 성적 흥분을 일으키는 물질이 들어 있단다. 그래서 원추리 꽃을 말려 베개 속에 넣어놓으면 꽃에서 풍기는 향기가 성적 감흥을 일으켜 부부의 금실을 좋게 한다고 믿었다.

입술망초

오전을 화려하게 살다

입술망초는 꽃잎이 윗입술과 아랫입술 2장으로 되어 있다. 꽃받침은 꽃잎의 수를 그대로 따라간다. 특이하게 잎처럼 생긴 꽃받침도 2장이다. 꽃의 윗입술은 뒤로 살짝 말려 있고, 아랫입술은 수평이며, 암술 1개와 수술 2개가 아랫입술에 얹혀 있다. 꽃잎 안쪽에 있는 무늬가 곤충들을 유인하는 매개체 역할을 하는 듯하며, 특히 윗입술의 특이한 생김새와 무늬는 어떤 곤충 같은 느낌이다. 윗입술 무늬 부근에서 서성이는 곤충들을 간혹 볼 수 있는데, 아마도 다른 곤충이 꿀을 빠는 줄 알고 다가오는 듯하다.

입술망초는 오후가 되면 꽃잎이 시들어 축 늘어진다. 그 곱던 분홍색은 탈색되어 회색으로 변하고 탱글탱글하던 위아래 입술도 축 늘어져 보기 흉하게 변한다. 화려한 반나절 인생을 위해서 자신의 많은 에너지를 꽃 피우는데 집중했기 때문이다. 8월이면 입술망초는 폭풍우가 몰아치든 햇살이 내리쬐든 상관없이 시간만 되면 피고 지기를 반복한다. 내가 입술망초를 만났던 날도 폭풍우가 몰아치던 날이었다.

1~3 입술망초

망태버섯 · 노란망태버섯

반나절 인생,
망태버섯 이야기

　　　　망태버섯은 피었다가 질 때까지 한나절 밖에 걸리지 않는다. 한나절은 하루ᵉ 낮 시간ᵉ의 절반ᵉ을 말하며, 하루 중 낮 시간을 12시간으로 보면 그 절반인 한나절은 6시간, 한나절의 절반인 반나절은 3시간이 된다. 망태버섯은 길게는 한나절, 짧게는 반나절 인생이다. 자실체가 자라면서 망사를 펼치는데, 이것이 다 펼치는데 1시간도 걸리지 않는다. 망사를 다 펼친 후에는 곧바로 허물어지기 시작하며, 빛이 강하면 2시간 정도, 흐린 날이면 4시간 정도 지나면 망사는 흔적도 없이 사라진다.

　　경주 안강 옥산서원에 노란망태버섯이 피어난다는 소식을 듣고 새벽을 달려 찾아가길 다섯 번째 만에 노란망태버섯의 자실체가 올라오는 모습을 볼 수 있었다. 발견한 시점은 7시경, 흥분을 가라앉히고 2분마다 한 컷씩 셔터를 눌렀다. 1분에 2~4㎜가 펼쳐지니, 완전히 펼쳐질 때까지 40분 정도 밖에 걸리지 않았다. 결국 1시간 이내에 망사가 다 펼쳐지는 것이다.

1~5 노란망태버섯

망태버섯은 보통 새벽 5시부터 늦게는 8시까지 이른 새벽에 갈색 껍질이 갈라지고 무색 점액질이 분비되면서 하얀 속살을 드러낸다. 그것도 잠시, 30여 분 지나면 하얀 속살은 없어지고 말뚝 모양의 자실체가 솟아오르기 시작한다. 자루는 순백색으로 속이 비어 있고, 갓은 삿갓처럼 펼쳐진다. 갓에서 고약한 냄새를 풍기며 수많은 곤충들, 특히 모기들을 엄청 모여들게 한다. 그래서 망태버섯을 보러 가면 모기에게 헌혈할 준비를 단단히 해야 한다.

7월 우기에 접어들면 각종 버섯들과 함께 망태버섯도 피어나기 시작한다. 흰색 망태버섯은 주로 대나무 숲속에서, 노란망태버섯은 썩은 나무가 많고 부식질이 풍부한 토양의 잡목림에서 피어난다. 망태버섯은 전라남도 담양의 대나무 숲과 경상북도 경주의 대나무 숲에서 본 적이 있다. 사진의 것은 전라남도 담양에서 담은 것이다.

1~4 망태버섯

각시수련 · 큰잎쓴풀

연꽃 중의 귀염둥이,
각시수련

　　2010년 선선한 가을바람이 불어오는 9월 어느 날, 아직도 강원도 속초 쪽 한 석호에 각시수련이 피어 있다는 전갈을 받았다. 공무원으로 일하다 정년퇴임하신 분과 초등학교 교장선생님이신 동호인 두 분께 동행하겠냐고 물으니 당장 같이 가자 한다. 그러면서 삼척에 큰잎쓴풀이 있으니 가는 길에 보고 가잔다.

　　큰잎쓴풀도 몇 안 되는 북방계 희귀식물 중 하나다. 잎을 따서 입에 대면 쓴맛이 조금 난다. 쓴풀이라는 이름이 붙은 식물도 제법 된다. 기본종 쓴풀을 비롯해, 큰잎쓴풀, 자주쓴풀, 네귀쓴풀, 대성쓴풀, 개쓴풀 6종으로 나뉜다. 다들 하나같이 미모를 자랑하는 멋진 꽃들이다.

　　큰잎쓴풀의 꽃을 보고 서둘러 각시수련을 만나러 갔다. 도착하니 따가운 햇살이 호수에 내려 앉아 있다. 흰 구름도 분위기를 더한다. 수련은 꽃이 주먹만 하고 꽃잎도 아주 많아 풍만해 보이는데 반해, 각시수련은 오백 원짜리 동전보다 조금 더 크며, 꽃받침 4장에

1~3 각시수련 4 큰잎쓴풀

꽃잎은 8~15장 있다. 잎과 꽃이 물 위에 동동 떠 있는 모습이 요정 같다.

연꽃은 꽃대와 잎이 수면 위로 많이 올라와 꽃과 잎이 달리며, 꽃과 잎이 아주 크고 잎이 갈라지지 않는다. 반면에 수련은 꽃과 잎이 수면에 닿아 있고, 꽃도 작으며, 잎 한쪽 부분이 중간쯤까지 갈라져 있다. 각시수련도 수련의 변종으로 기본적인 생활 습성은 비슷하다.

수련은 '물속에서 피는 꽃'이 아니다. 수련睡蓮 즉, '잠자는 연꽃'이라는 의미다. 낮에는 피었다가 밤이 되면 꽃잎을 접고 잠자는 꽃이라고 붙여준 이름이다. 흐리거나 비오는 날에도 꽃잎을 열지 않는다. 우중의 각시수련을 사진으로 담고자 한다면 그것은 큰 오산이다. 햇살 좋은 날 요정 같은 각시수련을 만나 즐거웠다.

여름새우난초 · 버어먼초 · 애기버어먼초 · 제주황기 · 깔끔좁쌀풀

한라산 원시림의
여름새우난초

　　　　　시원스럽게 뻗어 있는 초록 잎 사이로 솟아오른 꽃
대 위에 촘촘히 달린 연보라색 아름다운 꽃. 이제나저제나 이 꽃을
한 번 볼 수 있을까 가슴 졸인지 4년 만인 2010년 여름 방학 제주행
비행기에 몸을 실었다.

　한라산의 울창한 숲속으로 들어가니 자연은 싱그러움 그 자체
다. 한 발 한 발 옮길 때마다 살아 숨 쉬는 생명이 느껴진다. 거대한
원시림 속으로 30여 분 들어가니 여름새우난초가 꽃을 피우고 반갑
게 맞아주었다. 첫 대면하는 순간 온 몸이 찌릿했다. 입술꽃잎의 보
라색이 표현하기 어려운 오묘한 색감이다. 꽃 하나만을 보면 왕관
을 쓴 왕자 같기도 하다. 일주일만 더 일찍 왔더라면 멋진 군락을 볼
수 있었을 것이라며 안내해 준 동호인이 아쉬워한다. 이미 절정기
를 지나 꽃이 지고 있는 중이었다. 하지만 이렇게라도 여름새우난
초를 본 것으로 만족했다.

　오전에 원시림에서 빠져 나와 오후에는 버어먼초, 애기버어먼

1~2 여름새우난초 **3** 버어먼초 **4** 깔끔좁쌀풀 **5** 애기버어먼초

제주황기

초, 영주풀을 만났다. 이들도 상당히 보기 어려운 종이었지만 여름 새우난초를 만난 감흥에 묻혀서인지 감동이 덜했다.

　다음날은 한라산 윗새오름으로 향했다. 언제 가 보아도 윗새오름의 빼어난 풍광과 다양한 식생은 감탄하지 않을 수 없게 만든다. 파란 하늘과 흰 구름을 친구삼아 핀 제주황기가 절정이다. 육지에서는 보기 어려운 털쉽싸리, 애기솔나물, 섬잔대도 보인다. 너덜지대를 지나 한참을 가니 깔끔좁쌀풀 꽃도 몇 개체가 피어나 반갑게 맞아 주었다.

섬초롱꽃 · 울릉장구채

독도가 우리 땅이라는 것을
온몸으로 증명하는 식물

섬초롱꽃과 울릉장구채는 울릉도에만 자생하는 한 국특산식물로 독도가 우리 땅이라는 것을 식물분류학적으로 증명해 주는 아주 귀중한 식물이다. 섬초롱꽃은 꽃이 자주색을 띠는 것이 대부분이지만 순백색인 꽃도 있다.

일본인 식물학자 나카이가 섬초롱꽃을 울릉도에서 발견해서 학명*Campanula takesimana* Nakai을 붙였다. 여기서 종소명이 다케시마나*takesimana*인데, 이것은 1900년대 초 나카이를 비롯한 일본인들은 울릉도를 다케시마라고 불렀다는 이야기가 된다. 그런데 지금의 일본인들은 독도를 다케시마라고 부르며 자기네 땅이라고 우기는 것이니 앞뒤가 맞지 않는다. 즉 1900년대는 다케시마가 울릉도였는데 지금은 독도를 다케시마로 부르고 있으니 결국 울릉도를 자기네 땅이라고 우기는 꼴이 된다.

울릉장구채*Silene takeshimensis* Uyeki & Sakata 또한 종소명이 다케시멘시스*takeshimensis*다. 이것은 '다케시마에 있는'이라는 뜻으로 울릉장구

1~5 섬초롱꽃

채 역시 발견될 당시에는 울릉도에 자생하고 있었다는 이야기이다. 1900년대 초 우예키, 사카타, 나카이 등 일본인 식물학자들은 하나 같이 울릉도를 다케시마라고 불렀다.

그 외에 섬장대*Arabis takesimana* Nakai, 섬광대수염*Lamium takesimense* Nakai, 섬현삼*Scrophularia takesimensis* Nakai 등에서도 같은 현상을 볼 수 있다.

울릉장구채 꽃을 들여다 보면 장구를 닮았다. 전 세계에서 한국의 울릉도에서만 자생하는 특별한 장구채다. 도동 선착장 주변 절벽 바위틈에도 자리 잡고 자태를 뽐낸다. 도동 등대길을 따라가다 보면 씨앗이 안착할 수 있는 아주 작은 틈만 있으면 자기 집인 양 터를 잡고 피어난다. 천부리 해안가에도 이 장구채들이 무더기로 피어난다. 하얀 꽃이 다닥다닥 피어나 푸른 바다, 푸른 하늘과 어울리면 더없이 아름답다. 독도가 보이는 내수전 전망대 절벽에서도 흐드러지게 핀 섬초롱꽃과 울릉장구채가 온 몸을 흔들어 대며 말하는 듯하다. 독도는 우리 땅이라고.

1~2 울릉장구채

선모시대 · 청사철란 · 사철란 · 섬현삼

전 세계에서 울릉도에만 사는 특산식물, 선모시대와 섬현삼

　　　선모시대는 일반인들에게는 잘 알려져 있지 않은 꽃이다. 우리나라의 울릉도에만 자생하는 한국특산식물이면서 개체수도 손으로 꼽을 정도로 적다. 이 꽃을 보려고 2011년 방학 중인 8월 초에 탐사계획을 세웠으나 사정이 있어 못가고, 8월 27일에 1박 2일 일정으로 울릉도를 찾았다.

　　울릉도에 들어가자마자 곧바로 선모시대가 자라는 곳으로 갔다. 주변을 뒤져보니 하나둘씩 보이기 시작했다. 개체수도 그리 많지 않았다. 모시대는 통꽃이 길쭉한데 반해 선모시대는 통통하고 시원스럽게 크다. 참으로 당당하고 도도하게 서 있다. 그래서 선모시대라는 이름이 붙었겠지.

　　선모시대가 있는 주변에 사철란의 품종인 청사철란도 보였다. 청사철란도 우리나라에서는 울릉도에만 자생하는 아주 귀한 난초

1~3 선모시대 4 청사철란 5 사철란

다. 사철란은 잎에 선명한 흰 줄무늬가 많은데, 청사철란에는 줄무늬가 하나도 없다. 한참 동안 선모시대와 청사철란에 정신이 팔려 있다 보니 해가 저물려고 한다. 큰일이다. 빠른 걸음으로 태하까지 가야 한다. 태하에서 천부로, 천부에서 다시 나리분지까지 가야 하는데 매번 이용하는 민박집에 연락하니 천부까지 차를 보내겠다고 한다. 주인이 참 좋아서 울릉도에만 가면 이용하는 집이다.

다음날, 보통은 나리분지에서 성인봉을 넘어 도동으로 내려와 여객선을 타는 게 일반적인 코스인데, 이 시기 성인봉에는 별다른 꽃이 없을 거라 보고 다시 천부로 내려와서 해안가 식물을 둘러보기로 했다. 해안가를 걸어가면서 섬현삼을 보았다. 섬현삼 역시 전 세계에서 울릉도에만 자생하는 아주 귀한 꽃이다. 모두 잘 보존되어 울릉도와 우리나라를 빛내는 자원식물로 살아가길 기대한다.

천부리 해안가를 4㎞ 정도 걷다가 도동행 버스에 몸을 실었다. 오후 3시에 썬플라워호가 긴 뱃고동을 울리며 도동항을 빠져 나간다. 울릉도 탐사는 늘 이렇게 시간에 쫓길 수밖에 없다. 탐사를 할 수 있다는 것이 감사하면서도 아쉬운 점이다.

섬현삼

산매발톱 · 박새 · 오랑캐장구채 · 두메양귀비 · 비로용담
두메투구꽃 · 각시투구꽃 · 가솔송 · 노랑만병초 · 만병초

백두산의 천지가 품은
야생화

야생화 탐사의 백미는 백두산이다. 2005년 여름방학 때 드디어 기회가 생겼다. 7월 28일 인천국제공항에서 비행기를 타고 중국 연길로 향했다. 연길 공항에 내려 4시간 가까이 버스를 타고 백두산에 도착하니 그 위용이 대단했다. 백두산 최고봉이 2,750m이니 한라산보다 800m나 더 높은 산이다.

하루에도 수십 번 날씨가 변덕을 보였다. 천지에 올랐는데 부슬부슬 안개비가 내리기 시작하더니 금방 폭우로 변한다. 그러더니 조금 후에 언제 비가 왔냐는 듯이 구름이 걷히기 시작한다. 산매발톱과 박새 사진은 짧은 순간 날이 개었을 때 담은 것이다. 곧 또다시 폭우가 시작된다. 2시간 가까이를 그렇게 폭우와 티격태격하다가 천지 주변의 야생화를 별로 보지 못하고 다음 일정 때문에 하산할 수밖에 없었다.

내려오면서 오랑캐장구채와 장백폭포를 하나의 사진 속에 담는

1 산매발톱 **2** 박새 **3** 오랑캐장구채 **4** 두메양귀비 **5~6** 비로용담

행운을 얻었고, 두메양귀비와 바위구절초도 만났으니 폭우의 괴롭힘은 잊기로 했다. 오랑캐장구채는 백두산에서만 볼 수 있는 꽃이다. 한두 송이 피는 경우는 거의 없고 대부분 떼로 피어난다. 두메양귀비는 바람과 사투를 벌이고 있었다. 꽃잎이 갈기갈기 찢어졌는데도 뒤쪽에는 이미 열매를 맺었다.

탐사기간 동안 북파, 서파, 그리고 장백폭포가 있는 쪽을 이용해 천지를 3번 올랐다. 북파와 서파에서는 비로용담을 질릴 정도로 보았다. 백두산에 가서 보고 싶었던 목록 중 상위에 있었던 꽃이다. 빛이 쨍하게 내리쬐는 날이라야만 꽃잎을 연다. 하늘의 푸른 별이 백두에 내린 듯이 온 천지가 푸른 별이다. 그 푸른 별 사이에 하얀색 꽃이 반짝반짝 빛난다. 백화현상을 보이는 비로용담이다. 색 변이는 어느 식물에서나 나타날 수 있지만 그래도 푸른색 일색인 곳에서 흰색으로 피니 눈길을 한 번 더 보내지 않을 수 없었다.

백두산에는 잎과 줄기에 털이 있는 두메투구꽃이라는 북방계 식물도 있다. 보통 이름에 투구꽃이라는 말이 들어가면 미나리아재비과 투구꽃속에 해당하는데, 두메투구꽃은 투구꽃속 식물과는 전혀 관계없는 현삼과 개불알풀속에 속한다. 각시투구꽃도 있다. 이 종은 투구꽃속 식물로 북부 고산 지대 및 백두산에 자생하며 잎이 가늘게 갈라지고 각시처럼 아담하게 생겼다.

가솔송은 상록성 활엽 소관목이며, 호리병처럼 생긴 홍자색 꽃이 가지 끝에 1~6송이 달린다. 이 종도 남쪽에서는 볼 수 없는 북방

1 두메투구꽃 2 각시투구꽃 3 가솔송 4 가솔송 결실 5 노랑만병초 6 만병초

계 식물로 중국, 일본에도 자생한다. 잎이 소나무와 비슷해 '솔송'이란 말이 붙었는데, 소속은 진달래과여서 '가'라는 말을 붙였다. 가솔송도 군락을 이루고 있었다. 고산식물은 "뭉치면 번성하고 흩어지면 멸종한다."는 원리를 아주 잘 터득하고 있는 것 같다.

만 가지 병을 고친다는 노랑만병초도 있다. 백두산 지역과 강원도 북부 양양 쪽에도 자생하며 고산 지역에 적응하다 보니 키는 최대한 낮아져 땅바닥에 바짝 붙어 있다. 남한의 강원도나 지리산 중북부 지역, 울릉도에 자생하는 만병초와는 또 다른 식물이다.

8박 9일 동안 머물면서 100여 종의 식물을 만났다. 황홀한 기억을 다 전할 수 없어 아쉽다. 꼭 한번 백두산으로 야생화 탐사를 떠나보길 권한다.

**금새우난초 · 풍란 · 차걸이란 · 비자란(제주난초) · 녹화죽백란
붉은사철란 · 섬사철란 · 큰새우난초(한라새우난초) · 두잎약난초
백운란**

한라산 원시림의 도도한 요정들

　　　　인터넷 커뮤니티에 제주도 한라산이나 울릉도 성인
봉에서 찍었다는 사진이 올라오기라도 하는 날이면 한동안 모니터
가 뚫어져라 쳐다보는 버릇이 생겼다. 환상적으로 펼쳐지는 황금색
금새우난초는 혼이 빠져나갈 정도로 아름답다. 저런 모습을 숲속에
서 만나면 자리를 뜨지 못할 것 같다.

　　금새우난초는 제주도와 남해안 일대 그리고 울릉도에 자생한다.
울릉도에 10번 이상 들어갔는데도 아직 금새우난초를 만나지 못했
다. 새우난초속에는 금새우난초를 비롯해 새우난초, 큰새우난초, 여
름새우난초, 그리고 신안새우난초 5종이 있다. 한라새우난초라고
도 하는 큰새우난초는 새우난초와 금새우난초의 자연 교배로 만들
어진 것으로 이 잡종과 양친 종 사이에 역교배까지 일어나서 다양
한 색을 띠는 변이들이 나타난다. 전라남도 신안에서 처음 발견되
어 이름이 붙여진 신안새우난초는 꽃받침잎과 곁꽃잎은 희미한 자
색이고 입술꽃잎은 흰색을 띠어 수수한 아름다움을 지녔다.

멸종위기식물Ⅰ급인 풍란을 야생에서 보기란 하늘에 별 따기만큼이나 어렵다. 상록성으로 나무나 바위 위에 뿌리를 내리는 착생란이다. 한라산에서 만난 풍란은 나무 등걸에 군락을 이뤄 화사하게 피어 참으로 아름다웠다. 풍란은 1978년도 제주 서귀포에서 처음 현지내 보전^{서식지에서 직접 복원해 보전} 방식으로 복원이 진행된 바 있고, 1993년도 거제도에서, 2003~2006년까지 진도군 관매도에서 복원한 바 있다.

나무에 대롱대롱 매달려 있는 차걸이란도 제주도의 원시림 속을 더욱 빛나게 만들고, 나무 등걸에 착생한 비자란^{제주난초}도 한껏 매력을 발산한다. 차걸이란은 가느다란 꽃 하나가 한 개체로 사진에서처럼 많은 개체가 무리지어 자란다. 비자란은 제주도의 비자림에서 처음 발견되었으며, 나뭇가지에 붙어 사는 상록성 착생란이다. 꽃은 작지만 통통해 매력을 듬뿍 풍긴다. 차걸이란과 비자란은 2012년 5월 환경부 지정 멸종위기식물이 재지정될 때 멸종위기식물Ⅱ급으로 지정되었다.

죽백란과 녹화죽백란은 보춘화속 식물로 꽃 피는 시기가 현저히 다르며 잎 끝 부분에서 차이를 보여 다른 종으로 구분한다. 즉 죽백란은 꽃이 7~8월에 피고 잎 끝 부분의 가장자리가 톱니 모양이며, 녹화죽백란은 10~12월에 피고 잎 끝 부분의 가장자리는 밋밋하다. 죽백란이 멸종위기식물Ⅰ급인데 녹화죽백란은 언급이 없다.

붉은사철란과 섬사철란은 둘 다 땅바닥에 붙어 자라는 지생란이

1 금새우난초 2 풍란 3 차걸이란 4 비자란(제주난초) 5 붉은사철란 6 녹화죽백란

다. 붉은사철란의 잎은 진녹색이고 주맥을 중심으로 흰색 그물 무늬가 발달해 있으며, 꽃은 연한 붉은 색으로 1~3송이 피며 짧고 투명한 털이 있는 긴 통모양이다. 꽃 피는 시기는 7~8월로 제주도와 전라남도에 자생한다. 섬사철란은 잎에 흰 그물무늬가 없다. 꽃도 흰색과 연분홍색 등 2가지가 있으며 8~9월에 핀다. 제주도를 비롯해 전라남도의 도서지방 일부와 울릉도에서도 관찰된다.

약난초와 두잎약난초도 있다. 약난초속의 식물이지만 꽃 모양은 많이 다르다. 옛날에는 전라도 지역에 약난초가 잡초처럼 많았단다. 그런데 구경에 섬유질이 남아 있고 항암 성분이 있어 점활제粘滑劑로 이용 가능하다는 이야기가 있은 후부터 빠른 속도로 사라졌다고 한다. 약난초는 잎이 주로 1장이나 드물게 2장인 경우도 있다. 꽃은 총상꽃차례로 10~20송이가 한쪽으로 치우쳐 아래를 향해 피며 연녹갈색 혹은 자갈색으로 향기가 아주 진하다. 두잎약난초는 구경의 지름이 10㎜ 내외로 구경 끝에서 주로 잎 2장잎이 1장인 경우도 있음이 나와 월동하며 꽃이 필 때쯤이면 시든다. 그래서 꽃이 피어 있을 때는 잎을 볼 수 없다. 상사화속 식물도 아니면서 잎과 꽃이 평생 만날 수 없는 꽃이 두잎약난초다.

백운란은 전라남도 백운산에서 처음 발견되었지만 지금은 백운산에서는 잘 볼 수 없다고 한다. 제주도와 울릉도에서 관찰되며 최근에는 내장산과 백양산, 가야산에서도 자생이 확인되었다. 꽃이 바람결에 펄럭거리는 깃발 모양이다. 백운란도 멸종위기식물Ⅱ급으로 지정되어 있는 꽃으로 풍전등화 같은 운명이다.

1 섬사철란 2 큰새우난초(한라새우난초) 3 두잎약난초 4 백운란

노랑복주머니란 · 얼치기복주머니란 · 복주머니란 · 털복주머니란

복을 듬뿍
드리겠습니다

복주머니란속에는 털복주머니란, 광릉복주머니란, 산서복주머니란, 노랑복주머니란, 복주머니란, 얼치기복주머니란 6종이 있다. 광릉복주머니란^{광릉요강꽃}을 제외한 나머지는 백두산에서 볼 수 있는 식물이다. 꽃이 너무 아름답다보니 꽃을 쫓는 이들에게는 선망의 대상이다. 나도 이들을 보고 싶은 마음이 간절하지만, 그러려면 6월에 1주일 정도 시간을 내어 백두산에 가야 하니 불가능한 일이다. 우울해 하는 내게 친구는 "퇴직하면 시간이 많으니 그때 가면 되지 않냐."고 한다. 너무 잔인한 말이다. 아직 10년이나 남았으니.

노랑복주머니란은 꽃이 1~2송이 달리며 꽃받침과 곁꽃잎은 자주색이고 주머니 형상의 입술꽃잎은 노란색이다. 곁꽃잎은 꼬이며 가장자리는 물결 모양으로 되어 있고, 잎은 3~5장이다. 얼치기복주머니란은 꽃 색이 다양하다. 한 연구자는 복주머니란속 식물을 꽃색에 따라 얼치기복주머니란, 자주복주머니란, 겨자복주머니란, 양머리복주머니란, 흰노랑복주머니란 등으로 다양하게 나누었는데,

1 노랑복주머니란 2 얼치기복주머니란(자주복주머니란) 3 얼치기복주머니란 4 복주머니란(흰색)
5 털복주머니란(털개불알꽃)

다른 연구자는 이들이 노랑복주머니란과 복주머니란 사이의 교잡종이며, 모종과의 역교배로 형태적 변이가 심해 다양한 꽃 색이 나오는 것으로 해석했으며, 결국 꽃 색만 다르고 나머지는 모두 같은 것은 얼치기복주머니란의 변이로 보았다. 새우난초와 금새우난초 사이의 교잡종이 큰새우난초^{한라새우난초}로 다양한 꽃 색이 나오는 것과 같은 이치다. '얼치기'라는 말이 정겹다. "이것도 저것도 아닌 중간치" 혹은 "이것 조금 저것 조금 섞여 있는 것"으로 풀이되는 말이지만 중용의 도를 터득한 듯하기도 하다.

털복주머니란^{털개불알꽃}도 참으로 오묘한 모습이다. 줄기에 털이 보송보송 많기도 하다. 잎도 2장으로 거의 마주나다시피 하며 줄기를 감싸고, 잎이 마르면 검은 색으로 변한다. 꽃은 자주색, 분홍색, 흰색과 흰 반점이 있고 등꽃받침은 아랫면이 흰색으로 좀 넓다. 꽃 피는 시기는 6~7월이다. 산서복주머니란은 복주머니란속 중에 꽃이 가장 작으며, 주머니 모양인 입술꽃잎의 크기가 1.8㎝ 정도란다.

수박풀 · 긴포꽃질경이
개성 넘치는
귀화식물

　　　　　수박풀과 긴포꽃질경이는 귀화식물이다. 귀화식물 중에 나름 이색적인 식물이 없을까 생각하다가 이 둘을 떠올리고는 입가에 잔잔한 미소가 흘렀다. 수박풀은 잎이 수박처럼 생겨 붙은 이름이다. 열매가 달렸을 때의 모습도 수박을 닮았다. 2010년 8월에 여름새우난초를 보러 제주도에 갔는데 '심심땅콩'이란 아이디를 쓰는 동호인 댁에서 이틀을 묵었고, 그 집 앞 논에서 수박풀을 처음 보았다. 그 이후 2012년 7월 말에 대구 동구 쪽에서 동호인 '산내들' 님이 찾아 낸 수박풀을 다시 보게 되었다.

　　수박풀 꽃은 오전에만 잠시 피었다가 꽃잎을 닫아버린다. 그러니 부지런해야만 꽃 핀 모습을 볼 수 있다. 지난 7월 말에 10시쯤 대구에 도착했는데 이미 일부 개체들이 꽃잎을 오므리고 있었다. 다음 날 9시에 다시 가니 꽃들이 방긋방긋 웃고 있었다.

　　수박풀은 조로초朝露草 또는 향령초香鈴草라고도 불린다. '조로'는 '아침 이슬'을 '향령'은 '향기 나는 방울'이란 뜻이다. 아침 이슬을 머금고 꽃이 피어나고, 그 이슬이 사라질 때쯤에 꽃잎도 닫아 버린다. 즉 한 시간만 피어 있는 꽃이다. 열매도 특이하다. 삭과 속에 검은 씨앗이 여러 개 들어 있다. 유럽 원산으로 개항^{1876년} 이전에 우리나라에 들어온 것으로 추정하며 전국에 산발적으로 분포한다.

긴포꽃질경이는 열대아메리카 원산으로 경기 일산의 한강 둔치와 경주에서 확인했다는 기록이 있는데 사진의 것은 포항과 인접한 경주에서 발견한 것이다. 이삭잎이 꽃보다 길어 꽃차례 밖으로 삐져나오는 특징이 있고, 꽃도 투명하리만큼 선명한 꽃잎 4장이 꽃줄기에 다닥다닥 붙는다. 잎은 선형으로 중앙맥 1개가 뚜렷하며 끝이 뾰족하다.

귀화식물歸化植物에 대한 정의는 학자에 따라 다소 다르긴 하나 대체로 "외국의 자생지로부터 인간의 매개에 의해 의도적 또는 무의도적으로 우리나라에 옮겨져 여러 세대를 반복하면서 야생화 내지 토착화된 식물"을 말한다. 《한국의 귀화식물 도감》을 펴낸 박수현 박사는 귀화식물이 되려면 다음 3가지, "원산지가 외국이어야 하며, 인간에 의해 옮겨진 식물이어야 하고, 우리나라에서 야생화 되어 대를 거듭해 생존하는 것"을 조건으로 제시했다.

기존의 식물이 수없는 세월을 거듭하면서 일정 공간에 터를 잡아 생존해 왔는데 그 틈새를 비집고 외래식물이 들어와서 토착화해 뿌리 내려 생존하려면 얼마나 강한 생명력을 지녀야 하겠는가? 물론 귀화식물 중에는 피해를 주는 식물도 있다. 가시박, 돼지풀, 단풍

1~4 수박풀

1~3 긴포꽃질경이

잎돼지풀, 서양등골나물, 도깨비가지 등은 생태교란종으로 지정되어 꽃가루알레르기의 원인이 되고 특정 장소의 생태를 단순화시키는 등 좋지 않은 영향을 끼치고 있기는 하지만, 자연자원으로서의 가치를 지닌 식물도 여럿 있으니 귀화식물이라고 해서 무조건 미워하는 마음을 갖지 않기를 바란다.

가을꽃 산책

상사화 · 진노랑상사화 · 붉노랑상사화 · 제주상사화
위도상사화 · 백양꽃

그리움 품고 피어난 꽃,
그대는 상사화

　　아무리 들어도 또 듣고 싶은 말이 있다. '보고 싶다', '사랑한다'는 말이다. 보고 싶어도 보지 못하고 사랑해도 만날 수 없다면 그것은 그리움, 외로움이 된다.

　　식물에도 짝사랑하는 식물이 있으니, 바로 상사화相思花다. 봄이 되면 알뿌리에서 잎이 먼저 올라온다. 여름이 다가오면 싱그럽게 피어났던 잎은 마르고, 완전히 사그라지면 꽃대가 50㎝ 이상 올라와 꽃을 피운다. 식물은 보통 잎과 꽃이 한 몸인데, 상사화는 평생 동안 잎과 꽃이 서로 만나지 못한다. 이런 서글픔은 꽃말 '이룰 수 없는 사랑'과 이명인 '이별초'에도 나타난다. 또한 상사화는 일생을 홀로 고고하게 살아가는 스님과 같다고 해 '중꽃' 혹은 '중무릇'이라고도 불린다. 그래서 절 주변에 많이 심어 기른다. 고창 선운사의 꽃무릇석산 군락은 매우 유명하다.

　　상사화에도 여러 종류가 있다. 기본종 상사화를 비롯해 꽃무릇석

1 상사화 2 진노랑상사화 3 붉노랑상사화 4 제주상사화

산, 진노랑상사화, 붉노랑상사화, 제주상사화, 백양꽃, 위도상사화 7종이 있다. 기본종 상사화는 잎이 진 뒤인 8월에 비늘줄기에서 꽃대 하나에 상아색 꽃이 4~8송이 핀다. 일본이 원산지로 알려져 있으며 우리나라의 어느 곳에서나 잘 자라지만 절 주변 화단에서 많이 보인다.

진노랑상사화는 꽃잎 색이 진노랑색이면서 가장자리가 쭈글쭈글한 것이 특징이다. 그 얼마나 그리움이 사무쳤으면 꽃잎에 주름이 다 졌을까? 전라남도 영광의 불갑사 계곡에서 많이 볼 수 있으며, 한국에만 자생하는 특산식물이니 더욱 애착이 간다.

붉노랑상사화는 꽃잎이 노란색이면서 암술의 끝 부분이 검붉은 색이라서 붉노랑상사화라는 이름이 지어졌다. 수수하면서도 아름답다. 제주상사화는 제주도에만 자생하는 연황색 꽃을 피우는 상사화로 수풀 속에 다소곳이 피어난다. 백양꽃은 전라남도 장성 백양사 근방에서 발견되어 백양꽃이라는 이름을 얻었다. 조선상사화, 고려상사화로도 불린다. 위도상사화는 전라북도 부안의 위도에만 자생하는 꽃이다. 상아빛으로 아름답게 피어나 위도 어느 곳에 가도 흔하게 볼 수 있다.

위도상사화를 만난 날은 2012년 8월 26일 오전이었다. 하루 전인 25일 일기 예보를 들으니 27일쯤 제15호 태풍 볼라벤이 제주도

1~3 위도상사화 4~5 백양꽃

를 덮칠 거란다. 27일에 제주도에 태풍이 온다면 하루 전인 26일 서해는 맑은 하늘이지 않을까? 포항에서 격포항을 거쳐 위도에 들어가야 하는 나로서는 한 번 가기가 그리 쉽지가 않다. 포항에서 격포항까지는 편도 380㎞ 정도의 거리라서 혼자 운전해서 오가기가 버거웠다. 먹히지도 않을 듯한 아내에게 사정을 얘기하고 함께 가자하니 뜻밖에도 그러잔다. 아내와 쌍둥이 송원 · 송희까지 온 식구가 25일 저녁 6시에 격포항을 향해 집을 나섰다.

격포항에 도착하니 밤 11시가 넘었다. 밤의 항구는 고요했다. 달이 떠 있는 것을 보니 내일은 맑을 것이 분명했다. 예약해 놓은 펜션에서 편한 잠을 자고, 다음 날 아침 6시에 일어나 라면으로 아침을 때운 뒤, 7시 20분 위도행 첫 배를 타러 나섰다. 가만히 보니 승객의 반 이상이 위도상사화를 보러가는 나와 같은 '꽃쟁이'들이었다. 아는 얼굴도 있어 인사도 나눴다.

격포항에서 위도까지는 약 50분이 걸린다. 8시 10분에 위도에 도착해 섬을 한 바퀴 돌아보고 10시 20분 배로 다시 나오는 일정이다. 위도에 머물 수 있는 시간은 2시간. 먼저 위도해수욕장으로 가기로 했다. 가는 길에 나타난 작은 마을로 들어가 바다 쪽으로 나서니 야산 풀밭에 위도상사화가 맑은 하늘과 어울려 멋지게 피어 있었다. 다시 가던 길을 재촉해 해수욕장에 도착하니, 수많은 꽃들이 절정을 이루고 있었다.

위도해수욕장은 아주 고요하고 평화로웠다. 폭풍전야가 이런 모습이구나…… 파도도 거의 없었다. 송원·송희는 위도상사화보다도 조용한 해수욕장 모래밭이 더 인상 깊었다고 했다.

격포항으로 다시 나오니 11시 10분. 백양꽃을 보러 가기로 마음을 먹고는 '해송'이라는 아이디를 쓰는 동호인에게 전화해 어디로 가면 백양꽃을 볼 수 있냐고 물으니, 격포항에서 약 60㎞ 거리의 위치를 알려주었다. 점심을 먹고 일러 준 사찰 주변에 도착하니 3시가 넘었다. 사찰을 지나 오른쪽 계곡을 따라 올라가니 백양꽃이 하나 둘씩 나타나 잔잔한 미소를 보내온다. 붉게 물든 꽃잎이 물가에서 자신의 아름다움을 연신 뽐내고 있었다. 꽃송이가 아기 주먹처럼 작았다.

이날 위도상사화와 백양꽃을 본 것으로 상사화속 식물을 모두 만나게 되었다. 오는 길에는 아내에게 운전대를 맡기고 깊은 잠에 빠졌다.

처진물봉선 · 노랑물봉선 · 물봉선 · 가야물봉선
꼬마물봉선 · 봉선화

남도의 향기,
처진물봉선을 찾아서

처진물봉선. 몇 년 전부터 오매불망 그리움을 삭이던 꽃이다. 올해도 보지 못하면 상사병이 날 것 같아 멀리 남도를 다녀왔다. 물봉선속 식물 중에 가장 멋진 종을 꼽으라면 주저 없이 이 처진물봉선을 들겠다. 꽃은 흰 바탕에 분홍색, 노란색이 섞이고 꿀주머니 끝 부분은 연한 갈색을 띠어 네 가지 색이 조화를 이룬다. 흰 바탕에 분홍색이 살짝 섞인 아래쪽 꽃잎은 새색시의 두 뺨에 찍은 연지 같다. 꽃이 잎 아래로 처져 처진물봉선이라는 이름이 붙었다. 꽃이 잎 아래에 있으면 강한 빛도 차단되고, 비가 올 때 비도 가려주니 좋다.

거제도에서 처음 발견되어 거제물봉선이라고도 불린다. 9월초에서 10월 말까지 꽃이 피고지면서 열매를 맺는다. 열매는 삭과이며, 꼬투리 속에 씨앗이 3~5개 들어 있다. 성숙한 꼬투리는 탄력적으로 터지면서 껍질이 말리고 씨앗은 비산된다. 꼬투리가 말리며

1~4 처진물봉선 **5** 노랑물봉선 **6** 미색물봉선(노랑물봉선의 변종, 2004.7.31, 울릉도 나리분지)

1 물봉선(2012.8.대구) **2** 물봉선(흰색. 2012.8.대구) **3** 꼬마물봉선(2010.9.보현산) **4** 가야물봉선(2006.7.31.가야산)

봉선화(봉숭아)

씨앗을 멀리 날려 보내는 것은 종족 번식에 좋은 방법이다. 씨앗이 어미 식물 밑에 떨어지면 자리다툼에서 이길 수 없으니 되도록 멀리 떠나보내려는 것이다.

변종 및 품종을 제외하면, 물봉선속 식물에는 처진물봉선, 물봉선, 노랑물봉선, 가야물봉선, 꼬마물봉선이 있다. 꼬마물봉선은 가장 최근2010년에 보현산에서 발견되어 신종으로 보고된 종이다. 봉선화는 말레이시아 원산의 원예식물이다.

세뿔투구꽃 · 백부자

위에서부터 꽃이 피어 내려가는
투구꽃속 식물

　　　　세뿔투구꽃은 꽃이 지고 열매를 맺었을 때 골돌이 3
개로 나뉘어 뿔이 3개인 것처럼 보이며, 잎도 3갈래로 갈라졌다. 옛
날에는 이 식물이 속한 속을 초오속草烏屬이라 불렀는데, 최근 '초오'
라는 속명이 이 부류들의 대표명이 되기에는 부적합하다 해 투구꽃
속으로 바뀌었다.

　　세뿔투구꽃은 우리나라에만 자생하는 한국특산식물로 경상북
도에서는 대구 근교의 몇몇 산과 봉화의 청량산으로 가면 볼 수 있
고, 남쪽으로는 전라남도 지리산과 백운산 쪽으로 가면 볼 수 있다.
7월 중순경 나도승마를 보러 백운산에 갔다가 길 가장자리에 듬성
듬성 잎이 자라는 것을 보고 백운산에도 세뿔투구꽃이 자생한다는
사실을 알게 되었다.

　　투구꽃속 식물에 백부자도 있다. 꽃이 노란색에 가까워 노랑돌
쩌귀라고도 부른다. 어딘가 모르게 심술이 가득 찬 듯한 꽃 모양
이 재밌다. 백부자는 독성이 강해 사약을 만들 때 사용한 독초였다

1~2 세뿔투구꽃 3~4 백부자

하니 함부로 다루면 안 되겠다. 우리나라와 중국 등지에 분포하며 7~8월에 꽃이 핀다.

식물의 꽃은 아래쪽에서부터 꽃이 피어 위쪽으로 올라가는 것이 일반적인데 백부자를 비롯한 투구꽃속 식물 대부분은 위에서 먼저 꽃이 핀 뒤에 아래로 내려가며 피는 모습이 이채롭다.

금강초롱꽃

서글픈 이름,
하나부사야

1900년대 초 한국의 식물상을 조사하러 온 나카이는 금강산에서 이 진귀한 꽃을 발견하고는 한국을 점령하기 위해 파견된 초대공사 하나부사에게 이 식물을 진상했다. 이 꽃의 속명 *Hanabusaya*에 하나부사의 이름을 넣어주어, 나카이는 우리나라에서의 식물 탐사를 더 체계적으로 할 수 있었을 것으로 생각된다. 당시 울릉도와 제주도를 수시로 들락거리면서 그곳의 많은 식물을 조사할 수 있었던 것도 하나부사의 도움이 없었다면 불가능했을 것이다.

금강초롱꽃*Hanabusaya asiatica* Nakai. 금강산에서 처음 발견될 당시 나카이는 한국을 비롯한 아시아의 모든 식물을 다 보지 못한 상태에서 종소명을 아시아티카*asiatica*로 표기했다. 어쩌면 알면서도 그랬을지 모른다. 당시 한국을 넘어 아시아 정복의 야망을 품고 있었던 하나부사가 아니었던가?

전 세계에서 한국에만 자생하는 금강초롱꽃의 학명이 이렇게 정해진 것은 안타까운 일이다. 북한에서는 하나부사야라는 속명을 인정하지 않고 금강사니아*Keumkangsania*라고 바꾸어 부르고 있단다. 물론 명명규약에 위배되어 국제적으로 통용될 수는 없지만, 한국 침략의 원흉인 하나부사를 인정하지 않으려는 정신이 깃들어 있으니, 북한의 식물학자에게 찬사를 보내고 싶다.

1~3 금강초롱꽃

물매화

헛수술이
매력적인 꽃

　　야생화도 진화한다. 특히나 종족 보존을 위해 처절하게 자신을 변화시켜 나가는 들꽃들을 볼 때면 생명의 경외감을 느끼게 된다. 가을 야생화 중에 두 번째 가라면 서러울 정도로 아름다운 꽃이 있다. 매화를 닮은 꽃, 물매화다. 이름 그대로 물이 있는 지역에서 잘 자라지만, 물이 없는 척박한 토양에서도 자란다.

　　물매화는 꽃받침과 꽃잎, 헛수술과 수술이 모두 5개다. 물론 예외적인 경우도 있다. 물매화의 매력 포인트 중에 하나가 헛수술이다. 헛수술 5개는 각각 10개 이상으로 갈라지고 그 끝에 이슬방울 같은 황록색 구슬을 달고 있다. 처음에는 이 헛수술의 끝 부분이 황록색이었다가 시간이 지나면 색이 없는 진주 같은 구슬로 변한다. 왕관 모양 같기도 한 헛수술 끝 부분에 꿀이 많은 것처럼 보여서 곤충들이 꼬인다.

　　최근에는 헛수술만으로 수정에 한계를 느낀 또 다른 물매화들이 등장하고 있다. 언제부터인지는 모르겠지만 수술의 꽃밥에 붉은 띠

1~3 물매화

를 달고 있는 물매화가 등장했다. 수정을 위해서는 곤충을 유인해야 하는데 헛수술만으로는 부족해 자구책을 강구한 것이 아닐까 추측한다. 수정이 완료되면 수술의 붉은색 띠가 흔적도 없이 사라지는 걸 보면 수정을 위해서 만들어진 구조물인 것은 분명해 보인다.

소엽풀 · 소엽 · 밭뚝외풀

닮은 구석이 없는 소엽풀과 소엽,
향기는 닮았을까?

소엽풀. 잎이 작아서인가? 꽃에 비해 잎이 좀 작기는 하지만 뭐 이런 특징을 가진 식물이 한두 종도 아닐 텐데 특별히 이것만 소엽풀, 즉 작은잎풀이라고 할까? 궁금해 여러 자료들을 찾아보니 들깨와 닮았지만 들깨보다는 소형인 소엽^{작은잎}이라는 것이 따로 있으며, 전체가 자주색이 돌며 향기도 진한 식물로 차즈기라고도 한단다.

인터넷에서 검색해보니 "소엽풀은 열매가 삭과로 넓은 난형이며 작은 잎과 같고 향기가 진해 그런 이름을 얻었다."고 한다. 부산에 있는 '꽃친구'에게 이 식물에서 향기가 나는지 확인을 부탁했더니 전체에서 소엽처럼 아주 진한 향기가 난다 하지 뭔가. 소엽풀은 현삼과, 소엽은 꿀풀과로 소속이 전혀 다르지만 향기가 닮았다는 이유로 소엽풀이라는 이름을 얻은 것이다. 소향풀이라고도 불리는 걸 보면 향기와 아주 밀접한 관련이 있는 것은 분명해 보인다. 원산지가 우리나라 제주도로만 기록되어 있는데 2001년도에는 보길도

1~2 소엽풀 3 소엽(차즈기)

밭둑외풀

에서, 최근에는 부산 낙동강 하구에서도 발견된 적이 있다.

소엽^{차즈기, 차조기}은 들깨와 닮았으며, 전체에 자줏빛이 돈다. 향도 아주 진해 어린잎을 쌈으로 먹기도 하고, 비빔밥 같은 음식에 넣어 향을 내기도 한다. 전체적으로 들깨보다는 작으며 특히 잎이 작은 편이다.

현삼과에는 밭둑외풀과 논둑외풀도 있다. '외풀'이라는 말은 열매가 참외를 닮아서 붙여진 이름으로 밭둑외풀은 논두렁에서, 논둑외풀은 밭두렁에서 흔하게 발견된다. 이름과 달리 상반된 장소에서 자란다. 애석하게도 아직 논둑외풀은 직접 보지 못했다.

물고사리 · 진흙풀 · 물옥잠 · 서울개발나물

낙동강 하구 들꽃 산책

낙동강 하구는 식물의 보고다. 낙동강 하구에 위치하는 을숙도는 과거엔 철새도래지로 이름을 날렸다. 최근 을숙도 주변과 낙동강 하구 주변의 난개발로 공장도 많이 들어서고 대기 및 수질오염물질도 많이 배출되어 철새들도 많이 줄어들었다고 한다. 식생에도 변화가 있을 수밖에 없다. 그런데 낙동강 하구에는 아직도 다른 곳에서는 볼 수 없는 특이한 식물이 다수 자생하고 있다. 특히 최근에 그 존재가 밝혀진 물고사리는 학계에서도 상당한 관심을 가지고 있는 식물 중 하나다.

물고사리는 말 그대로 습지에 자생하며 포자엽과 영양엽으로 나뉜다. 포자엽은 포자가 만들어질 때 좌우가 뒤로 말리고 그 속에 포자를 담고 있다. 물고사리 1번 사진은 영양엽과 포자엽이 있는데 포자엽이 상당히 넓은 것으로 보아 아직 포자를 잉태하지 않은 개체라는 것을 알 수 있다. 2번 사진은 포자엽과 영양엽이 함께 보이고 포자엽이 가늘어진 것으로 보아 포자를 뒤에 품고 있으며, 3번 사진은 포자엽이 말린 상태다. 즉, 포자엽은 포자를 달고 있지 않을 때는

1~2 물고사리 3 물고사리 포자엽 4 진흙풀 5 물옥잠 6 서울개발나물

넓으나, 포자를 달면 뒤로 말리기 때문에 좁아진다는 사실을 알 수 있다.

그리고 2번 사진 속의 영양엽 한 부분에 무성아도 보인다. 저 무성아가 떨어져서 새로운 개체를 만드는 무성생식도 한다. 그러니 물고사리는 무성생식도 하고 포자가 성장해 전엽체라는 구조물을 만들어 내고 여기서 장정기와 장란기를 만들어 내는 유성생식도 하는 것이다. 신비롭다. 물고사리가 자생하는 장소는 둔치의 논이다. 논 가장자리, 논두렁 주변에 엄청 많은 개체가 있으며, 벼 수확기에 포자를 산포하는 것 같다.

진흙풀은 말 그대로 진흙이 있는 곳에 자생하는 식물로 꽃은 8~10월에 연붉은색으로 피며 잎겨드랑이에서 한 송이씩 달린다. 펄위를 기면서 자라고 가지가 많이 갈라진다. 보라색 꽃을 피우는 물옥잠도 신선하다. 물속에 뿌리를 내리고 물 위로 쭉 뻗어 올린 초록색 줄기와 하트 모양 잎이 귀엽다. 습지에 자생하는 산형과의 서울개발나물은 실바디라고도 불리는 걸 보면 잎이 가늘다는 것이 특징인 듯하다. 멋스럽지는 않지만 희귀해서 물고사리와 함께 2012년에 멸종위기식물 II급으로 신규 지정되었다.

이렇듯이 낙동강 하구에는 경상북도 쪽에서는 잘 보이지 않는 식물들이 자생한다. 모두 낙동강 하구의 작은 길이나 논 가장자리 등지에서 누가 봐 주지 않는데도 꿋꿋하게 피고지며 긴 세월을 살아왔다. 오래도록 그 땅의 주인으로 살아가길 바란다.

바위솔 · 둥근바위솔 · 정선바위솔 · 좀바위솔 · 난장이바위솔
연화바위솔 · 울릉연화바위솔

잎이 도톰한 바위솔들

　　　　바위솔은 다육식물로 잎이 두껍게 발달해 빛이 강하게 내리쬐는 바닷가 언덕배기의 돌 틈이나 고택의 기와 틈에서도 뿌리를 내린다. 바위솔을 '기와지붕 위의 소나무'라는 의미로 '와송瓦松'이라고도 부르는 이유도 그 때문이다.

　　바위솔 종류들은 꽃을 피워 진한 향기를 날리면서 벌과 나비를 유인해 꽃가루받이를 한 후 씨앗이 영글면 미련 없이 자신의 육신을 녹여버리고 생을 마감한다. 씨앗은 모체의 죽음으로 생존에 필수적인 빛, 수분 같은 것을 경쟁 없이 얻을 수 있다.

　　주변에서 흔히 볼 수 있는 바위솔은 근생엽이 로제트 모양이고 옆으로 퍼져 자라며 끝이 굳어져 가시처럼 된다. 잎은 주로 녹색이지만 갈색, 황색 등 다양하다. 꽃은 9월 이후 흰색으로 피기 시작해 11월까지 피고지기를 반복하며 아래쪽에서부터 위쪽으로 피어 올라간다. 꽃밥은 연한 노란색이었다가 수정이 완료되면 검은색으로 변한다.

1~2 바위솔 3~4 둥근바위솔

둥근바위솔은 뿌리에서 잎이 모여 나고 육질이며 주걱 모양 비슷하다. 꽃은 흰색으로 피며 수술은 10개로 꽃잎보다 약간 길다. 씨방은 5개이고 꽃밥은 자줏빛이 도는 붉은색이다. 씨방이 흰색이었다가 시간이 지나면 붉은색으로 변하는데 이것이 아마도 수정이 완료된 상태일 듯하다. 주로 바닷가 바위틈 절벽에 많이 자생하며 가지를 치는 것과 가지를 치지 않는 것들이 혼생하는 경우도 흔하다.

정선바위솔은 잎이 가시처럼 뾰족하고 연자주색 무늬가 있는 분녹색이며, 꽃잎은 연한 노란색이다. 암술은 5개이며 수술의 꽃밥은 노란색이다. 사진은 경상북도 봉화에서 찍은 것이다. 연화바위솔은 내륙 것과 울릉도 것이 다르다. 울릉도에는 연화바위솔의 품종인 울릉연화바위솔이 있다. 정선바위솔과 연화바위솔은 구분하기에 애매한 부분이 많다. 모두 연화바위솔로 부르면 좋겠다는 생각이다.

좀바위솔도 이곳저곳에 많이 분포하며, 사진의 것 역시 봉화에서 보았다. 바위솔에 비해 전체적으로 왜소하다. 흰색 꽃잎 5장에 토혈하는 듯한 붉은 색 씨방이 인상적이다.

바위솔속 식물은 모두 총상꽃차례로 꽃이 피는데, 난장이바위솔만은 사진에서와 같이 취산꽃차례로 피어 꽃이 펑퍼짐하다. 그래서 따로 난장이바위솔속으로 분류한다. 고산지대 정상 바위틈에 자생하며, 잎 끝에 바늘 모양 돌기가 있고 선형이다. 꽃은 8~9월에 흰색이나 붉은 빛이 도는 흰색으로 피어난다. 다른 바위솔 종류들처럼 꽃대가 직립하지 않아 금방 구별이 가능하다.

1 정선바위솔 2 좀바위솔 3 난장이바위솔 4 연화바위솔 5 울릉연화바위솔

구절초
구절초 향기 따라

가을을 대표하는 꽃을 꼽으라면 당연 들국화라 할 것이다. 그 무덥던 여름이 지나가고 선선한 바람 불어올 때면 야산 고갯마루에 하얗게 피어나는 들국화. 그런데 사실 가을에 피는 국화과 식물을 통틀어 그리 부를 뿐 들국화라는 식물은 없다.

들국화 중에 가장 아름답고 청순한 꽃이 구절초다. 순백의 설상화와 중심부의 노란 통상화가 환상의 조화를 이룬다. 가을바람에 온몸을 흔들어 대며 향기를 날리는 꽃, 구구절절 그리움 안고서 피어나는 꽃이다.

구절초가 그립거든 경상남도 합천 황매산으로 가라. 합천호 푸른 물에 산자락 담그고, 산허리 굽이굽이 멋진 자태를 뽐내는 곳, 구절초 향기에 취해보길 바란다. 올해도 어김없이 구절초 향기 따라 황매산에 올랐다. 앉은좁쌀풀, 쓴풀, 물매화, 빗살서덜취, 쑥방망이가 가는 길을 멈추게 한다. 잠시 다른 꽃에 한 눈을 파는 사이에도 구절초의 시샘은 끝이 없다. 미풍에도 온몸을 흔들면서 향기를 날려 나를 유혹한다. 나비, 벌들만으로는 부족한 모양이다.

1~3 구절초

가을에 구절초 풀 전체를 꽃이 달린 채로 말린 뒤 달여 복용하면 부인병에 탁월한 효과가 있다해 선모초仙母草라고도 불렀다. 여기에서 '어머니의 사랑'이라는 꽃말이 생겼으리라. 음력 9월 9일에 꽃과 줄기를 채취해서 말려 사용하면 약효가 가장 좋다고 해 구절초라는 이름을 얻었단다.

구절초에도 몇 가지 종류가 있다. 원종 구절초는 잎이 넓어 넓은 잎구절초라고도 한다. 잎이 좀 가늘게 갈라지는 산구절초, 더 가늘게 갈라지는 포천구절초, 강원 이북 고산에 자생하는 바위구절초, 제주도 한라산 고산지대에 자생하는 한라구절초, 남쪽 섬과 해안에 자생하는 남구절초, 그리고 울릉도에 자생하는 한국특산식물 울릉국화 등으로 나눈다. 쑥부쟁이는 구절초 사촌쯤 되겠다.

털머위

꽃멀미를 겪게 한
울릉도 털머위

배멀미는 해 봤어도 꽃멀미는 몰랐는데, 털머위를 보고 나서 처음으로 꽃멀미라는 것을 해 봤다. 가만히 보고 있노라니 현기증이 났다. 진한 털머위 향에 취하고 분위기에 취해서.

2008년에는 울릉도를 4번⁴·⁵·⁷·¹⁰월 들어갔다. 10월에 갔을 때 바로 그 꽃멀미를 경험했다. 울릉도에 도착하자마자 7월에 왔을 때 털머위 푸른 잎들이 무성했던 행남등대 쪽으로 발길을 재촉했다. 등대가 가까워지자 소나무 숲 사이로 어마어마하게 펼쳐진 털머위 군락이 나타났다. 노란 꽃 천지인 환상적인 모습에 잠시 넋을 놓았다. 지나가는 사람들도 탄성을 지른다.

해안가 일주도로를 따라 이동하니 가는 곳마다 노란 군락이 멋스럽게 반긴다. 털머위는 주로 바닷가에 자생하기 때문에 갯머위라고도 하며, 잎과 꽃이 곰취와 비슷해 말곰취라고도 한다. 털머위라는 이름보다 갯머위, 말곰취가 더 친근하게 느껴진다.

이름이 비슷한 머위도 있다. 꽃은 볼품이 없지만 잎은 쌉싸래한

털머위

머위

맛이 일품이다. 봄철 입맛이 없을 때 머위 잎으로 쌈을 싸 먹으면 떠나갔던 입맛도 돌아온다고 한다.

제주도를 비롯한 남해 도서지방 및 해안가에도 털머위가 자란다. 남쪽 해안가의는 털머위는 군락을 이루지 않고 몇몇 개체가 띄엄띄엄 피어 있는 것만 보았다. 처음에는 그것만으로도 감동했다. 그런데 울릉도의 군락을 보고 난 후부터는 털머위를 보러가지 않는다. 울릉도 털머위만한 희열을 느끼게 해 줄 풍광을 만날 수 없기 때문이다.

억새

억새도
짙은 향기를 뿜는다

은빛 물결 일렁이는 억새의 향연. 영남알프스의 신불산, 밀양 사자평원, 창녕 화왕산, 정선 민둥산, 서울의 하늘공원…… 10월에 억새와 함께 떠오르는 장소들이다.

억새는 산과 들 상관없이 터만 있으면 어디든지 비집고 들어가 자란다. 변종과 품종을 포함해 참억새, 물억새, 가는잎물억새, 가는잎억새, 금억새, 억새 등 16종이나 된다. 억세게 강한 풀이라는 의미에서 억새다. 억센 잎 가장자리에 자잘한 톱니가 있어 살짝만 건드려도 상처가 날 수 있다.

억새는 신불산이나 사자평원에서처럼 엄청나게 큰 군락을 형성해 세력을 자랑한다. 미풍에도 온몸을 흔들어 대는 모습은 강한 생동감을 느끼게 한다. 그래서 '세력', 또는 '활력'이라는 꽃말이 생겼나보다. 백발 성성한 흰색에서부터 붉은색에 이르기까지 꽃 색도 다양하다.

퇴근 무렵 인근 농로로 차를 몰아 가 보니 붉은색으로 피어난 억새가 아주 진한 향기를 뿜어내고 있었다. 억세기만 한 줄 알았는데, 이런 향기를 뿜는 사실을 처음 알았다. 그곳에서 한참이나 머물다가 해거름에서야 자리를 떴다. 이제까지 알던 억새와 다른 새로운 억새를 만난 기분이었다.

1~4 억새

해국

이른 아침
해국에 내린 빛

세상의 만물을 소생하게 하는 생명의 원천인 햇귀를 만나러 이른 아침에 바다로 나갔다. 햇귀는 해가 처음 솟아오를 때의 빛을 말한다. 비슷한 의미의 돋을볕이라는 말도 있다. 햇귀는 처음 나오는 해의 빛, 돋을볕은 처음 나오는 해의 볕이다. 비슷하면서도 다른 말이다.

이른 아침 동해의 첫 햇살을 받는 해국의 모습은 어떨까? 10월 어느 날 이른 아침에 바닷가에서 햇귀를 맞이하는 해국을 보러 갔다. 흰 해국에 내려앉은 햇귀가 싱그러웠다. 햇귀는 흰 해국을 더욱 희게 해 주고, 보라 빛을 띤 해국을 더욱 진한 보라색으로 만들어 주며, 산국과 감국의 노란색을 더욱 노랗게 만드는 재주를 지녔다. 살아있는 모든 생물에게 희망의 빛이며 생명의 빛이다.

1~3 해국

겨우살이 · 붉은겨우살이 · 꼬리겨우살이 · 동백나무겨우살이

겨우살이 이야기

우리나라에 자생하는 겨우살이과 식물은 4속 5종이다. 겨우살이속에 겨우살이와 붉은겨우살이, 꼬리겨우살이속에 꼬리겨우살이, 동백나무겨우살이속에 동백나무겨우살이, 참나무겨우살이속에 참나무겨우살이다. 이들 모두 꽃은 보지 못했고 열매와 잎만 보았다.

겨우살이라는 이름은 어디에서 유래했을까?《한국 식물명의 유래》일조각, 2005에서는 "기생해 겨우 산다"로 해석하고 있는데 국문학자 이익섭 명예교수는 겨우살이의 '겨우'는 부사 '겨우'가 아니라 '겨울'이 복합어를 이루면서 'ㄹ'이 탈락된 것이라고 했다. 일례로 "쌀이며 장작이며 겨우살이 준비는 다 되었는가?"에서의 '겨우'가 겨울인 것과 같다. 겨우살이가 기생목인 것은 확실하지만, 사철 푸른 잎이 있어 양분의 일부를 스스로 만들어 생활하니 반기생인 셈이다.

겨우살이의 열매는 까치, 까마귀 등 새들이 좋아하는 먹이로 오직 높은 나무에서만 자라서 번식이 어려울 것 같지만 그 나름 번식의 노하우를 터득해 잘 살아간다. 겨우살이의 열매는 투명한 점액

질로 되어 있어서 손으로 터뜨리면 끈적끈적하다. 이 열매를 새들이 먹으면 새의 부리에 씨앗이 붙게 되고 그것을 떼어내기 위해 부리를 나무에 비비는 과정에서 자연적으로 씨앗이 나무에 달라붙게 된다. 그 씨앗에서 싹이 나오면 변형된 뿌리인 흡기吸器가 나무껍질을 파고 들어가 물과 양분을 빼앗으면서 새로운 겨우살이로 성장한다. 그리고 씨앗까지 다 먹어버리면 새의 배설물을 통해 나오는 씨앗이 나뭇가지에 붙어 새로운 개체로 자라기도 한다. 이런 과정을 거치면서 나무에서 나무로 이동해 번식한다.

겨우살이의 줄기와 잎은 항암효과가 있고, 혈압을 낮추며, 신경통, 관절염, 당뇨병, 이뇨작용 등에 탁월한 효과가 있다고 알려지면서 수난의 대상이 되고 있다. 해인사나 동화사에 가면 겨우살이가

1 겨우살이 2 붉은겨우살이 3 꼬리겨우살이 4 동백나무겨우살이

많은데 이것을 채취해 판매하는 것을 볼 수 있다. 결국 겨우살이의 최대 적은 인간인 셈이다. 옛날에는 손이 닿을 낮은 곳에도 많았는데, 지금은 나무 꼭대기에서나 볼 수 있으니, 인간의 간섭이 심하면 심할수록 간섭을 피해 더욱 높은 곳으로 올라가 버릴 것이다.

꼬리겨우살이는 6월에 꼬리 모양의 이삭꽃차례로 초록색 꽃을 피운다. 그래서 꼬리겨우살이라는 이름을 얻었다. 9월이 되면 열매가 엷은 황색으로 알알이 영글어 가고 겨울이 오면 잎 떨어진 참나무에 황금 보석을 주렁주렁 달아 놓은 듯 푸른 하늘을 아름답게 장식하고 있다. 겨우살이나 붉은겨우살이는 겨울에도 초록 잎을 달고 있는데 반해 꼬리겨우살이는 잎까지 다 떨어뜨리고 자신을 화려하게 노출시킨다.

동백나무겨우살이는 동백나무, 사철나무 등에 기생한다. 잎인지 줄기인지 구분도 안 된다. 자세히 보면 넓적한 줄기에 잘록한 마디가 있으며, 그 마디에 돌기 같은 구조물이 보인다. 그것이 잎이 변형된 것이다.

　　제주도에만 자생하는 참나무겨우살이는 아직 만나지 못했다. 숙주가 참나무만이 아니고, 동백나무, 삼나무, 까마귀쪽나무, 후박나무 등으로 다양하며, 숙주에 빌붙어 살면서 나무 전체가 자기 집인 양 엄청나게 세력을 키운단다. 올 겨울에는 이 녀석을 꼭 만나고 싶다.